寻味

丝路

中国篇

巴陵 著

北京出版集团
北京出版社

图书在版编目（CIP）数据

寻味丝路. 中国篇 / 巴陵著. — 北京 ：北京出版
社，2020.6
ISBN 978-7-200-15544-0

Ⅰ. ①寻… Ⅱ. ①巴… Ⅲ. ①饮食 — 文化 —中国
Ⅳ. ①TS971.2

中国版本图书馆CIP数据核字（2020）第 062075 号

寻味丝路 中国篇
XUNWEI SILU ZHONGGUO PIAN
巴陵 著
*
北 京 出 版 集 团
北 京 出 版 社 　出 版
（北京北三环中路6号）
邮政编码：100120

网　　　　址：www.bph.com.cn
北 京 出 版 集 团 总 发 行
新 华 书 店 经 销
三河市嘉科万达彩色印刷有限公司印刷
*
880毫米×1230毫米　32开本　6印张　214千字
2020年6月第1版　2020年6月第1次印刷
ISBN 978-7-200-15544-0
定价：49.80元
如有印装质量问题，由本社负责调换
质量监督电话：010-58572393

提到"丝绸之路"，耳边仿佛响起了一阵阵从远方传来的驼铃声。那时，一群群骆驼，载着怀揣梦想的人们，走过壮美的胡杨林，穿过凶险的沙漠，连接起亚洲、欧洲、非洲的陆上贸易，东西方文明由此发生碰撞。这是一条商业之路、文化之路，亦是一条美食之路。丝绸之路沿线的美食文化博大精深，很多美食至今仍在人们的餐桌上活跃着。

　　记得我第一次走丝绸之路，是2006年年底。我坐火车离开洛阳火车站，一直往西北走。在兰州停留的那两天，当地的食物给了我极大的震撼。面成了我的主食，羊肉成了我的主菜。

　　兰州面条是稍微呈椭圆形的手工拉面，煮熟后浸泡在牛肉汤里。兰州的羊肉做法很多，吃的时候也并不会觉得有太大的膻味。后来我转车前往敦煌，路上尽力去了解丝绸之路上的各个城市及其美食。

　　第一次丝路之行让我意犹未尽，后来我又在丝绸之路沿线走过几回，对这条线路更加热爱了。希望通过这本书，能让读者与我一起体验丝路味道。

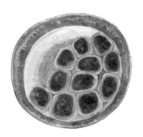

【丝路印象】

　　丝绸之路简称"丝路"，通常是指西汉时由张骞出使西域时开辟的以长安（今西安）为起点，经甘肃、新疆到中亚、西亚、南亚，并连接欧洲、地中海各国以及北非的陆上贸易往来通道，以罗马为终点，全长6440千米，是连接亚欧大陆的古代东西方文明的交汇之路。

　　武则天迁都洛阳，把丝绸之路延长到洛阳，使之成为新起点，所以本书描述的丝绸之路起点为洛阳。

　　丝绸之路遗留下来的文化遗存，成为当今的热门旅游景点。丝绸之路上的美食也受到了人们的喜爱。

【地理】

　　丝绸之路在我国跨越河南、陕西、甘肃、青海、宁夏、新疆等省、自治区，沿途地形以高原、盆地和山地为主。

【气候】

　　西北丝绸之路仅东南部为温带季风气候，其他区域为温带大陆性气候，冬季严寒而干燥，夏季高温，降水稀少，降水量自东向西递减。由于气候干旱，气温的日较差和年较差都很大。吐鲁番盆地为夏季全国最热的地区。托克逊为全国降水最少的地区。

【历史】

先秦时期，东西方交流的通道已经形成，中国丝绸正式西传始于汉武帝时期，汉宣帝神爵二年（前60年）设置西域都护府，丝绸之路开始进入繁荣时代。新朝天凤三年（公元16年），西域诸国断绝与新莽政权的联系，丝绸之路中断。直到东汉时期，班超随大将军窦固出击北匈奴，奉命出使西域到达鄯善，说服于阗归附中央政府，才再次打通丝绸之路。

魏晋南北朝时期，丝绸之路不断发展。唐朝时，丝绸之路的发展达到鼎盛时期。到了宋朝，陆上丝绸之路日益衰落，海上丝绸之路逐渐取代陆上丝绸之路。

【民族与宗教】

在丝绸之路沿线，有佛教、犹太教、伊斯兰教、天主教等宗教。丝绸之路沿线地域辽阔，长期生活着汉族、回族、维吾尔族、藏族、蒙古族、撒拉族、东乡族、保安族、裕固族、哈萨克族等民族。

【文化与艺术】

丝绸之路是东西方文化交会的桥梁，在历史上促进了中国和欧亚非各国的友好往来。在音乐、舞蹈、绘画、雕刻等文化艺术方面，中原地区也吸收了大量丝绸之路带来的其他地区艺术精华，变得更加丰富多彩、赏心悦目。

【美食偏好】

丝绸之路覆盖的西北地区在主食上是玉米与小麦并重；家常食馔多为汤面辅以蒸馍、烙饼或芋豆小吃，粗料精作，花样繁多。受自然环境和耕作习惯限制，食用青菜甚少。在肴馔风味上，肉食以羊、鸡、猪、牛为大宗，间有山珍野菌，淡水鱼和海鲜甚少，烹饪技法多为烤、煮、烧、烩，嗜酸辛，重鲜咸，喜爱酥烂香浓。

【汉魏洛阳城遗址】

该遗址位于河南省洛阳市东约15千米，为世界文化遗产，国家首批重点保护的大遗址之一，丝绸之路的东起点之一。西周初在此筑城，唐初废弃，中间历经1600多年。东周、东汉、曹魏、西晋、北魏等朝代先后以此作为国都。

【汉长安城未央宫遗址】

该遗址位于陕西省西安市未央区汉城乡，面积覆盖大刘寨、马家寨、东张村、小刘寨、柯家寨、周家河湾和卢家口7个村庄，存世上千年。它是中国历史上使用朝代最多、存在时间最长的皇宫。

【唐长安城大明宫遗址】

大明宫是唐长安城"三大宫"（太极宫、大明宫、兴庆宫）中规模最大、最辉煌壮丽的建筑群。大明宫遗址略呈梯形，占地面积约3.2平方千米，宫墙周长7.6千米，四面共有11座门，已探明的殿台楼亭等遗址40余处。

【大雁塔】

大雁塔位于陕西省西安市雁塔区，为世界文化遗产，国家首批重点保护的大遗址之一，也是现存最早、规模最大的唐代四方楼阁式砖塔。

【彬县大佛寺石窟】

大佛寺石窟依山凿窟，雕石成像，是陕西境内现存规模最大、最精美的石窟群。石窟共130多个，错落有致地分布于约400米长的立体崖面上。此处共有446处佛龛，1980余尊精美造像，分为大佛窟、千佛洞、罗汉洞（佛洞）、丈八佛窟、僧房窟5部分。其中开凿较早、规模最大和保存最为完整的是大佛窟。

【麦积山石窟】

麦积山石窟位于甘肃省天水市东南45千米秦岭山脉西段北麓,是中国四大石窟之一,现存洞窟194个,泥塑、石胎、石雕造像7800余尊,壁画1000余平方米,以精美的泥塑艺术闻名世界,被誉为"东方雕塑艺术陈列馆"。

【玉门关遗址】

玉门关遗址位于甘肃省敦煌市城西北80千米的戈壁滩上,总体呈方形,东西长24米,南北宽26.4米,高9.7米,全为黄胶土夯土筑成,是历史上中原和西域诸国往来及邮驿之路。

【锁阳城遗址】

锁阳城遗址位于甘肃省瓜州县锁阳城镇,是集古城址、古河道、古寺院、古墓葬、古垦区等于一体的古文化遗存地,是我国古代军事防御系统和烽燧信息传递系统保存最为完好的典型范本。锁阳城遗址周边的古代农业灌溉系统,是目前国内保存最为完好的汉唐水利遗迹。

【高昌故城】

高昌故城位于新疆吐鲁番市,是公元前1世纪—公元14世纪吐鲁番盆地中心城镇,也是古代西域重要的政治、经济、文化、宗教、军事中心。城址包括外城、内城和"可汗堡"三重城,里面分布有大量宗教建筑遗址和宫殿遗址。

【北庭故城遗址】

北庭故城遗址位于天山北麓,南依天山博格达峰,北接准噶尔盆地,是北疆重要的交通枢纽和贸易中转站。北庭故城分内外两城,内外城均有护城河、马面、敌台、角楼和城门。外城始建于唐代初年,后经两次修补,南、北、西三面城垣尚存,均系夯土筑成。

【牡丹燕菜】

牡丹燕菜上的牡丹花浮在汤面上，色泽夺目，娇黄香艳。牡丹燕菜突出了洛阳水席的特点，素菜荤做，配料众多，工序繁杂，有宫廷菜的底子和官府菜的影子。

【烩麻食】

今天的麻食分布在陕西、甘肃、山西等省，是人们喜欢的一种日常简单饮食。西安人吃麻食离不开羊肉汤，羊肉汤里可以放黄花、木耳、豆腐、栗子等食材。剩的麻食多热几遍会更香。

【搅团】

搅团的原料为粗粮。搅团的含水量大，用少量的白面可以做出体积大的食物充饥，还可以用其他的杂面代替白面。很多农家几乎每顿饭都离不开搅团，搅团成了他们的主食。

【呱呱】

天水人舒适惬意的一天从清晨吃一碗香辣绵软的呱呱开始。有卖呱呱的摊点就意味着有街市，有街市就意味着有卖呱呱的摊点。

【牛肉小饭】

牛肉小饭外表土得掉渣，但内容很实在，用纯正的牛肉汤、大片的鲜牛肉、亮晶晶的粉皮、结实的面丁等食材制成。它们的烹饪者和制作者数百年如一日坚守着老祖宗留下的传统配方，不做任何改变。

【灶干粮子】

灶干粮子是酒泉地区家庭做的一种发面饼，如碗口大小，一寸（1寸≈3.33厘米）来厚，掰开来里面隐隐地有许多层。灶干粮子比其他馍馍要干硬些，方便人们出门携带和较长时间保存，看着养眼，吃着流香。

【炕锅羊排】

格尔木炕锅羊排是格尔木风味美食，被称为"格尔木一绝"，由格尔木的炕锅羊肉发展而来。用大炕锅做出来的羊排特别肥嫩鲜美、油亮多汁，味道极好，令人回味无穷。

【羊肉抓饭】

香喷喷的羊肉抓饭是维吾尔族人逢年过节招待亲朋好友的最佳食物，特别是在婚丧嫁娶的日子里，维吾尔族人一定要做羊肉抓饭来招待最尊贵的客人，让他们体验最传统的风俗民情。

【灌面肺、灌米肠】

灌面肺和灌米肠在喀什的街头小饭馆和夜市小摊上都能吃得到。灌面肺可以做主食，煮熟的灌面肺颜色像蒸熟的土豆，吃起来软嫩。灌米肠可以作为菜肴，用于伴灌面肺。灌米肠糯鲜，香喷可口。

【手抓羊肉】

手抓羊肉又叫抓肉、手抓肉等，是我国西北蒙古族、藏族、回族、维吾尔族等喜爱的传统美食，相传有近千年的历史，以手抓食用而得名。吃法有三种，即热吃、冷吃、煎吃。它肉味鲜美，不腻不膻，色香俱全。

洛阳

古都十三朝，名菜代代传

　　洛阳是丝绸之路的起点，世界四大古都之一，历史上有多个王朝在此建都。它不但是历史文化名城，也是著名的"美食之都"，美食种类繁多。

行住玩购样样通 >>>>>

行在洛阳

如何到达

飞机

洛阳北郊机场距市中心10千米，现开通多条国内外航线，通航城市包括大阪、曼谷、北京、上海、广州等。

火车

洛阳的火车站较多，包括洛阳站、洛阳北门站、洛阳东站、关林站、洛阳龙门站等，其中洛阳站是郑州铁路局第二大客运站。

市内交通

公交

洛阳有多条公交路线，有大型公交枢纽，运营时间为6:00—21:00。

地铁

洛阳市城市轨道交通规划4条地铁线，地铁1号线和地铁2号线预计2021年和2022年开通。

出租车

洛阳出租车起步价7元/3千米，超出3千米加收1.5元/千米。

住在洛阳

洛阳克丽司汀酒店

地址 洛阳市西工区解放路56号
电话 0379-63266666
价格 719元起

该酒店曾获得德国包豪斯学院学子杯设计大赛一等奖，每个楼层都有一个专属的文化主题，如云中漫步的巴厘岛风情、罗马假日的欧式典雅、唐韵的现代中国风等。酒店地理位置佳，交通便利，追求品质的游客可以去体验一番。

洛阳友谊宾馆

地址 洛阳市涧西区西苑路6号
电话 0379-64685038
价格 329元起

该宾馆地理位置优越，购物、餐饮都很方便，环境怡人，交通便利，到王城公园、龙门石窟景区都有直达公交车。客房格局合理，设施齐全，装修温馨舒适。

玩在洛阳

龙门石窟景区

地址 洛阳市洛龙区龙门中街13号
门票 90元

　　龙门石窟与山西云冈石窟、敦煌莫高窟和天水麦积山石窟并称"中国四大石窟"。东西两山现存窟龛2345个、佛塔80余座。全山造像10万余尊，最大的佛像卢舍那大佛通高17.14米，头高4米，耳长1.9米；最小的佛像在莲花洞中，只有2厘米高。

关林景区

地址 洛阳市洛龙区关林南路2号
门票 40元

　　关林景区北依隋唐故城，南临龙门石窟，西接洛龙大道，东傍伊水清流，是"武圣"关羽的葬首之所，也是我国唯一的冢、庙、林三祀合一的古代经典建筑。现存明清殿宇廊庑150余间。

购在洛阳

洛阳牡丹饼

店面 洛阳市各糕点铺
价格 30~40元/盒

　　洛阳牡丹饼是用红小豆、豌豆、绿豆、芸豆、牡丹花酱、白砂糖、食用油、泡打粉等原料制作而成的糕点，入口酥松绵软。

金珠果

店面 洛阳市各水果摊
价格 14元/斤

　　金珠果又称沙梨王，外表橙红鲜亮，形似杧果，又像腰鼓，居众梨之首，香味独特，有润肺止咳、降低血脂、健脑益智等功效。

开启洛阳美食之旅 >>>>>

真不同饭店

地址　洛阳市老城区中州东
　　　路 359 号

电话　0379-63952609

萝卜里开出『牡丹花』

牡丹燕菜

洛阳乃千年帝都、牡丹花城、丝绸之路的起点。

洛阳是唐代的东都，武则天时期的陪都。袁天罡根据天象推荐武则天在洛阳登基并主持政务。因天机不可泄露，袁天罡便为武则天设计了一席大宴来预示她日后执政24年的光景。宴席的汤汤水水暗指武则天做皇帝水到渠成；宴席干干稀稀喻指武则天24年的干系。武后宴被加工改造成武皇水席，流传到民间才称洛阳水席。

洛阳水席有前八品、四镇桌、八大件、四扫尾，共24道菜，应验武则天从永隆元年总揽朝政到神龙元年病逝，在洛阳上阳宫待了24年。

牡丹燕菜是洛阳水席的首席菜品，它与武则天有着深厚的渊源。据说武则天称帝后风调雨顺、万民安康，常有祥瑞之物现世。洛阳百姓将东关下园出产的一个30多斤重、上青下白的超大白萝卜当宝贝献给她。武则天非常喜欢这个萝卜，认为是天降奇瑞，还令尚食局将萝卜做成晚宴的菜肴。尚食局只好将众多山珍海味与萝卜搭配在一起，经过无数次加工，"萝卜开会"终于上桌。武则天品尝后，发现这个萝卜味道鲜香，不输于平日的燕窝，便赐名"假燕菜"。

牡丹燕菜做工考究，萝卜要用刀切丝，不能用擦子擦，切出来的丝要纤细如发，均匀不断，放入冷水里浸泡，用绿豆粉拌匀，摊在笼屉上蒸。蒸好后取出萝卜丝，冷却，再放入温开水中泡开，捞出洒盐水，再上笼蒸透备用。接下来用沸水焯肉丝去尽血水。鱿鱼丝、海带丝入沸水中稍焯，捞出控干水分。虾米放入绍酒中涨发变软。炒锅放火上，加鸡汤，投肉丝、虾米、水发蹄筋丝、玉兰片丝、海参丝、鱿鱼丝和紫菜丝等，加适量绍酒煮沸。加萝卜丝、鸡丝及味精、精盐再烧沸，盛入大海碗，淋上香油，放上香菜和韭菜段，即可上桌。

我第一次见到牡丹燕菜是在洛阳真不同饭店。该店始创于1895年，创始人为于庭选、于保和。它的前身叫"于记饭铺""新盛长"，1947年定名"真不同饭店"，坐落在洛阳市老城区繁华商业地段，"真不同饭店"五个字为著名作家李准题写。民间有"不进真不同，未到洛阳城"之说。真不同饭店以做洛阳水席为主。

我觉得该店的牡丹燕菜就像盛唐时期的女人，裹着华丽富贵的装束，如盛开的一朵鲜花。牡丹燕菜的出场吸引了所有食客的目光。只见一朵牡丹花浮在汤面上，色泽夺目，娇黄香艳。萝卜丝细如银线，根根透明，不碎不断。我夹起一筷子萝卜丝，那柔软无可比拟，可以在空中飘忽。送入口中，顿觉满口清香，甜味弥漫舌尖。汤水味道鲜美，酸辣香郁，爽滑适口。这些浸泡了山珍海味的萝卜丝，不用咀嚼就可以滑入喉咙。

牡丹燕菜突出了洛阳水席的特点，素菜荤做，配料众多，工序繁杂，以假乱真，有着宫廷菜的底蕴。

真不同饭店

地址　洛阳市老城区中州东
　　　路 359 号
电话　0379-63952609

云罩腐乳肉

武则天的恩赐

　　腐乳肉是洛阳水席和洛阳酒席上的大菜,洛阳人办酒席或者逢年过节都会蒸一碗。

　　洛阳水席中的云罩腐乳肉是用带皮五花肉、腐乳汁、葱、姜、八角、桂皮等为原料做成的。五花肉选两侧肋骨下的肉,肥瘦相间,呈五花三层形状;猪皮光亮无褐斑,瘦肉色泽红润,肥肉富于弹性,肥瘦比例对半。肉下锅时加适量料酒去腥味,将血沫析出并撇去,将肉煮至八成熟,筷子能够戳透即可,然后将肉捞出凉凉切成麻将块大小,也有两块麻将长的。葱切小段,姜切片。将锅洗净置于火上,锅内倒入水,待水温热时放入肉块,并加入葱段、姜片、大料、桂皮等,最后加入料酒、腐乳汁、白糖、盐、鸡精等调料。

　　盖上锅盖,大火烧开后转小火炖一个小时,把肉块捞起,皮朝下放在碗中,然后汤汁倒入碗里,放蒸锅里大火蒸半小时,将蒸好的肉倒放在盘子里,肉皮朝上,倒出汤汁。在锅里收汁,加香油浇在肉上,一道云罩腐乳肉便完成了。云罩腐乳肉的家常做法很多,洛阳人多将带皮五花肉切成长长的片状,腐乳为调味料,一煮二蒸即成。

　　洛阳水席里的腐乳肉肥而不腻、软糯可口、色泽红亮、嫩且多汁。在洛阳真不同饭店吃腐乳肉时还有个规矩：坐在下座的人先动筷子。我只好等大家夹完才下筷子。肉皮的糯性已经完全附着在肉表面，进入口中，感觉嘴唇都黏黏的。腐乳肉没有我想象中那么咸，随着舌尖的蠕动，肉外面的糯性黏裹液破开，流出一股非常清爽的肉汁。随着舌头的转动，腐乳肉很快在口腔里化开，迅速滑过舌面，奔向喉咙，只剩下肉皮在嘴里。

　　关于这道菜的来历还有这样一个传说。武则天生有四子，皆令她不满，唯独太平公主令她颇为放心。太平公主出嫁时，武则天以自己的乳汁涂在肉上，让太平公主吃下，让女儿莫忘她的一片苦心。这便是腐乳肉的来历。

　　武则天称帝后，为了稳固自己的地位，把腐乳赐予她亲自栽培的近臣，希望他们忠于她。从此，腐乳和腐乳肉便传播开来，成为洛阳人的最爱。

道口烧鸡

地址　洛阳市涧西区江西路
　　　55号院
电话　15670342877

道口烧鸡

出门百步外，余香留口中

　　洛阳人钟情于烧鸡。有人云："美食里的能量总是直击人类的最本质部分，无论贫富，跨越阶层。"

　　夏商时期便已经有了洛阳城，十三朝古都一代代延续。现在的洛阳老城在宋金年间已经建起，也有近800年的历史，人们在绵延起伏的灰色屋顶下繁衍生息。洛阳人从未忘记那些闪耀的名字，相反，每个名字和背后的每段故事都蕴藏在古城的深处，连成一张网。洛阳知名的烧鸡有10多个品牌，每个品牌都有它的历史，其中最著名的要数道口烧鸡。

　　道口烧鸡历史悠久，始创于清朝顺治十八年（1661年）。乾隆五十二年（1787年）张炳偶遇清宫御厨姚寿山，后者向其传授秘诀："要想烧鸡香，八料加老汤。"姚寿山的八料是陈皮、肉桂、豆蔻、良姜、丁香、砂仁、草果、白芷，老汤是煮鸡的陈汤，每煮一锅鸡必须加头锅老汤，越老越好。张炳如法炮制的烧鸡果然鲜香无比，生意兴隆。

　　道口烧鸡要经过选鸡、宰杀、去杂、晾晒、撑形、烹煮、用汤等程序。选2年以内的嫩鸡，保证鸡肉质量。杀鸡时充分放血，不要影响鸡皮的颜色。剖开鸡体用高粱秆撑开成两头尖尖的半圆形。配料、烹煮是关键。将炸好的鸡放在锅里，加老汤、佐料，用武火煮沸，再用文火慢煮。新鲜出锅的烧鸡色泽金黄，酷似元宝。嘉庆年间，嘉庆皇帝南巡经过道口，忽闻奇香，问："何物发此香？"答曰"烧鸡"。嘉庆皇帝尝后，觉得香味浓郁、酥香软烂、咸淡适口、肥而不腻，大喜，赞其"色、香、味、烂四绝"，从此道口烧鸡成为清廷贡品。

张炳的子孙继承和发展了他的精湛技艺，一直保持烧鸡独特的风味。加拿大前总理特鲁多、赞比亚前总统卡翁达等品尝后均赞叹不已。

1955年，义兴张掌柜张长贵公开祖传秘方，受到人们的热烈欢迎，产品远销京、津、沪、宁，还有大批销往香港。

我尝过道口烧鸡，感觉它咸淡适口，滑酥肉烂，香气扑鼻。

道口烧鸡是洛阳餐桌、宴会的上等佳肴，也是馈赠亲朋好友的佳品，有"出门百步外，余香留口中"的美誉。

老王烫面饺馆（北京路店）

地址　洛阳市新安县新城北京
　　　路与 310 国道（黄河中
　　　路）交叉口北 200 米路西
电话　13838851715

名扬陇海三千里

烫面饺

　　新安烫面饺又称新安烫面角，由开封人氏任焕章（后来传言的"任老大"）所创。

　　任焕章生于清同治十三年（1874年），幼年时期在开封府又一新饭店当过学徒，学会了白案的面点制作技术。1914年，华北平原的铁路修至陕州一带，任老大随移民潮来到新安县并在新安县安家，结识了当地以卖水饺为生的王金斗夫妇，并在他们的帮助下在火车站南侧开设了一家很小的老任烫面饺馆，经营自己的特色面食。老任的烫面饺讲究质量，风味独特。饺子皮选料严格，制作精细。用精白面粉加开水后和成硬面团，用刀切成小块放凉。再次加水揉面，揉成光滑的条状，切成指头大小的剂子，擀成巴掌大的圆片。

　　老任的饺子馅儿也极其讲究，必须以新鲜猪肉为原料，选择前胛和后臀两个部位的肉，以固定比例混合，再切成细肉丁，放用同一头猪的骨头和瘦肉熬制的原汁肉汤，搅拌均匀成稀酱。肉馅儿还要配大葱、生姜、韭黄、白菜心等素馅儿及调料，加食盐、味精、料酒、酱油、白糖、五香粉、小磨香油等调味品，搅拌后表面浮一层薄薄的香油。

老任的烫面饺外观别致，形状像一弯新月；食口处内侧圆润光滑，外侧刚好8个褶，形成均匀的花边，起脊圆平顺滑；饺肚内凹外凸，造型美观，线条弯成优美的曲线。1斤干面粉可以包出50个面饺，大小一致，剂子不多不少。包好的面饺上笼清蒸，10分钟即可蒸熟。

烫面饺在陇海线上非常有名，食客越来越多。新安火车站附近的饭店和面馆都看到了商机，也纷纷改售烫面饺。不过，它们的味道都不如老任烫面饺。因为数量众多，新安烫面饺在洛阳一带名声大震，从此远近闻名。现在，洛阳、郑州等地均有专门制作烫面饺的餐馆。

任老大把他制作烫面饺的技艺和保密的馅料配方传授给了曾经帮助过他的王金斗。任老大去世之后，王金斗与爱人金秀荣把老任烫面饺馆改名为老王烫面饺馆。

王金斗在猪肉烫面饺的基础上进行了创新，研发了牛肉烫面饺、羊肉烫面饺、鸡蛋韭菜烫面饺、酸菜烫面饺、野菜烫面饺、杂粮烫面饺、三鲜烫面饺、豆面酸菜烫面饺等品种，形成烫面饺系列。

我在老王烫面饺馆吃到了刚出笼的烫面饺。它皮薄如纸，晶莹欲滴，可以看到里面的肉馅儿。稍加停留，表面马上凝结，宛若宝石，温润如玉。如果趁热吃，肉味浓郁，汤汁鲜美，鲜香不腻。凉吃也别有一番风味，肉馅儿不凝不结，有韧有劲，不愧为"名扬陇海三千里，味压河洛第一家"。

美园酒店

地址　洛阳市西工区凯旋东路
　　　34号

电话　0379-63229555

清蒸鲂鱼

洛鲤伊鲂，贵于牛羊

鲂鱼即鳊鱼，体高侧扁，头小呈菱形，头后背部急剧隆起。静观鲂鱼，背部呈青灰色，两侧呈银灰色，整体呈紫黑色，腹部银白。

洛阳最著名的鲂鱼产于伊水，故有"伊鲂"一说。伊水古名鸾水，源出栾川县陶湾镇三合村闷顿岭，流经嵩县、伊川、蜿蜒于熊耳山南麓、伏牛山北麓、穿伊阙而入洛阳，东北流至偃师县杨村附近，汇入洛水合成伊洛河。

汉唐时期，洛阳的老百姓非常热情，常以鲂鱼来招待贵宾。唐代大诗人白居易在洛阳时，常与九老会的诗人在洛阳城里饮酒赋诗，这些诗人都喜欢吃伊水的鲂鱼。白居易在律诗《饱食闲坐》中写过鲂鱼的美味："红粒陆浑稻，白鳞伊水鲂。庖童呼我食，饭热鱼鲜香。箸箸适我口，匙匙充我肠。八珍与五鼎，无复心思量……"

烹饪洛阳的鲂鱼，第一选择是清蒸。洛阳人认为，鲂鱼只有清蒸味道才最鲜美，白白嫩嫩的鱼肉，白里透着红，红里透着香，很诱人，吃起来清爽。

清蒸鲂鱼要选活鱼，现杀之后立刻刮鳞，剖开肚子取出内脏，清洗干净腹腔，在鱼的两侧打上花刀，用细盐里里外外抹一遍，再用清水冲洗干净，控干腹腔和体表的生水，放葱丝、姜丝、料酒、盐、花椒、小茴香等调料稍腌片刻。鱼肚里也要放葱丝、姜丝，鱼肉才更入味。再放一点白酒，以挥发掉残留在腹腔里的腥气。将鱼放在瓷盘里，淋上蒸鱼豉油。蒸锅加水烧开，搭起支架隔水，将瓷盘放入锅内，加盖蒸10分钟。关火闷一两分钟后取出盛鱼的瓷盘，将香菜和剁辣椒点缀其上。最后浇上热花椒油，发出吱吱的响声，那热腾腾的鱼香味扑面而来，让人忍不住想吃。

我第一次吃清蒸鲂鱼，是在洛阳的美园酒店。服务员端着鲂鱼从我旁边走过时，香味扑鼻而来。我用筷子夹起鲂鱼腹部的鱼腩肉，只见那鱼腩肉细嫩如脂，在筷子上摇摇欲坠，放进嘴里，如肥肉在舌面上滑动，不用细嚼，鱼腩肉滑过舌面进入喉咙。汤汁停留在口腔里，极其鲜美。鱼的鲜味让人久久回味，满嘴生津。

洛阳还流行一个成语，叫"洛鲤伊鲂"，是指洛河的鲤鱼和伊河的鲂鱼是极难得的美味佳肴。《洛阳伽蓝记》载："别立市于洛水南，号曰'四通市'，民间谓永桥市。伊洛之鱼，多于此卖，土庶需脍，皆诣取之。鱼味甚美。京师语曰：'洛鲤伊鲂，贵于牛羊。'"

西安·宝鸡

古老胡食与宫廷小吃的汇集地

　　西安保留了秦国和中原文化的众多优点。这里以面食为主，为中原饮食向西北饮食的过渡地带，也是唐代菜肴保存得较完整的地方。

　　宝鸡古称"陈仓"，又称西府，"明修栈道，暗度陈仓"里的"陈仓"即指宝鸡。这里的小吃经历千年发展，博采各地之精华，兼收民族饮食之风味，继承了历代宫廷小吃的技艺，品种繁多，风味各异。

行住玩购样样通 >>>>>

行在西安

如何到达

飞机

西安咸阳国际机场位于西安市西北方向的咸阳市渭城区，是中国八大区域枢纽机场之一。

火车

西安的火车站有"四主一辅"，主站为西安站、西安北站、西安南站、西安东站；辅站为阿房宫站，其中西安站是我国铁路网中连通西北、西南的交通枢纽，西安北站、西安南站是高铁站。

市内交通

公交车

西安公交车的运营时间一般为6:00—21:00，票价1~2元。

出租车

西安出租车起步价为10元/3千米，超过3千米后加收2元/千米。

地铁

西安市的城市轨道交通目前运营5条线路，分别为1号线、2号线、3号线、4号线、机场城际线。

住在西安

陕西世纪金源大饭店

地址 西安市新城区建工路19-1号
电话 029-68608888
价格 355元起

该饭店是一家集客房、餐饮、康乐、会议于一体的涉外旅游商务饭店。这里交通便利，驱车前往曲江旅游区仅需15分钟；驱车前往秦始皇兵马俑博物馆仅需40分钟。

璞隐酒店（大雁塔店）

地址 西安市雁塔区红专南路8号
电话 029-85218899
价格 399元起

该酒店地理位置极佳，东临大雁塔景区，南临西安植物园、西安国际会展中心，北临陕西历史博物馆，西临小寨黄金商圈，距大唐芙蓉园、曲江海洋馆及曲江遗址公园仅2千米。

玩在西安

秦始皇兵马俑博物馆

地址 西安市临潼区秦陵北路
门票 120元

　　秦始皇兵马俑博物馆为国家AAAAA级旅游景区，共有一、二、三号3个兵马俑坑。一号坑是一个战车和步兵相间的主力军阵，总面积14260平方米，约有6000个真人大小的陶俑。二号坑是秦俑坑中的精华，面积6000平方米，由4个方阵组成，皆由战车、骑兵、弩兵混合编组。三号坑是军阵的指挥系统，面积524平方米。

华清宫

地址 西安市临潼区华清路38号
门票 3月至11月150元；12月至次年2月底20元

　　华清宫是国家首批AAAAA级旅游景区，与颐和园、圆明园、承德避暑山庄并称为"中国四大皇家园林"。它南依骊山，北面渭水，与兵马俑相邻。华清宫内集中了唐御汤遗址博物馆、西安事变旧址——五间厅、九龙湖与芙蓉湖风景区、唐梨园遗址博物馆等五大文化区和飞霜殿、万寿殿、长生殿、环园和禹王殿等标志性建筑群。

购在西安

水晶饼

店面 德懋恭水晶饼
地址 西安市碑林区西大街广济街口
价格 约29元/盒

　　水晶饼呈圆形或椭圆形，花纹清晰，皮酥馅足，素有"金底银帮鼓鼓腔，红色印章盖中央"的说法，被誉为"秦点之首"。

西安黄桂稠酒

店面 钟楼饭店
地址 西安市碑林区南大街110号
价格 约20元/瓶

　　西安黄桂稠酒状如牛奶，色白如玉，汁稠醇香，绵甜适口。这种酒选用户县秦渡镇糯米，纯天然发酵，有健胃、活血、止渴、润肺的功效。

行在宝鸡

如何到达

飞机

宝鸡机场位于宝鸡市凤翔县糜杆桥镇，为军民合用机场。

火车

宝鸡客运有宝鸡站、宝鸡南站，其中宝鸡南站为高铁站。宝鸡站每天有开往北京、上海、广州、西安、沈阳、哈尔滨、成都、重庆、厦门、太原等方向的列车。

市内交通

公交

宝鸡有数十条正规的公交车线路，每天营运的公交车辆为1000余辆。

出租车

宝鸡出租车起步价为7元/3千米，超出3千米加收1.6元/千米。

住在宝鸡

宝鸡世纪荟萃智选假日酒店

地址 宝鸡市金台区金台大道23号
电话 0917-3500001
价格 231元起

该酒店位于金台区黄金地段，距宝鸡南站10分钟车程，拥有198间客房，提供免费早餐和免费高速上网服务。

宝鸡高新君悦国际酒店

地址 宝鸡市渭滨区高新大道69号高新大厦
电话 0917-3808888
价格 221元起

该酒店地处高新区CBD核心地带，毗邻风景秀丽的渭河公园和规划建设中的宝鸡新火车站，拥有舒适的客房、现代化的会议中心、先进的综合娱乐设施和会所。

宝鸡城际酒店

地址 宝鸡市渭滨区高新大道蟠龙路6号
电话 0917-8800888
价格 232元起

该酒店交通便利，装修温馨舒适，拥有客房192间，有现代化的会议中心和配套完善的娱乐设施，有地下停车场。

玩在宝鸡

太白山

地址 宝鸡市眉县汤峪镇
门票 旺季100元，淡季60元。学生
票、优惠票60元

　　太白山景区以森林景观为主体，苍山奇峰为骨架，清溪碧潭为脉络，文物古迹点缀其间，自然景观与人文景观浑然一体，被誉为中国西部的一颗绿色明珠！

炎帝陵

地址 宝鸡市渭滨区神农镇境内的常
羊山之上
门票 75元

　　炎帝陵分为陵前区、祭祀区、墓冢区三部分。炎帝庙前为祭祀广场，可容纳千人祭祀，广场两侧分别建有鼓亭和钟亭。穿过祭祀区，便进入墓冢区。沿着长长的陵道拾级而上，两边立着历代帝王石像，总共16座。

购在宝鸡

扶风鹿糕

店面 宝鸡市扶风县各糕点铺
价格 约20元/斤

　　鹿糕形似满月，碗口大小，厚寸许，皮薄如纸，脆酥香醇，美味可口，久贮不霉变，特别适合带着在路上当干粮。

马蹄酥

店面 宝鸡市陇县各糕点铺
价格 约30元/斤

　　马蹄酥又名蜜馅儿，四周厚，中间薄，形似马蹄，外形美观，配料精良，制作细致，层多松软，油而不腻，入口即化，营养丰富。

开启西安·宝鸡美食之旅 >>>>>

德发长饺子馆（钟楼店）

地址	西安市莲湖区西大街3号
电话	029-87214060

饺子宴

一席饺子宴，吃尽天下鲜

　　饺子是北方人比较喜欢的美食之一。西安人比其他地方的人更钟爱饺子，春节和元宵节等各种民俗节日都少不了饺子。他们对饺子的钟爱催生了饺子宴，用料多样、味形各异、造型美观、荤素有异的饺子让食客们眼界大开，可谓"一席饺子宴，吃尽天下鲜"。

　　饺子最早出现在西汉时期的都城长安（今西安），俗称角子，南北朝时期改称偃月形馄饨。三国时期张揖撰写的《广雅》对饺子进行了记载。北齐时期颜之推的《颜氏家训》载："今之馄饨，形如偃月，天下通食也。"唐代饺子很流行，称为扁食。宋代称为角角。明代刘若愚的《明宫史·火集》记载过年吃饺子的情况："五更起，饮椒柏酒，吃水点心，即扁食也。或暗包银钱一二于内，得之者以卜一岁之吉。"清代《燕京岁时记》也有类似记载。明清时代才把角子改称饺子，一直延续至今。

　　在西安，第一个制作饺子宴的餐馆是解放路饺子馆，他们为了研制饺子宴，派出名厨走遍京津、沪杭以及沈阳、青岛等地学习各地饺子的式样、特点、制作工艺和群众口味，深入了解民间饺子的做法，研究唐宋宫廷饺子的制作工艺。

解放路饺子馆的饺子宴从推出到现在，已经创造了几百种不同花色的饺子，它们玲珑剔透，形似元宝，软嫩可口，味道鲜美，从花色和价格上分成宫廷宴、八珍宴、龙凤宴、牡丹宴、百花宴5个档次，每宴由108种不同馅料、形状和风味的饺子组成，形成了"一饺一格、百饺百味"的特色。宫廷宴以燕丝、熊掌、甲鱼等为主料；八珍宴以八珍为主料；龙凤宴和牡丹宴以猴头、鱿鱼、海参等为主料；百花宴以肉类和素馅为主料。它们让食客眼花缭乱，堪称一绝。

之后在我国的南方和北方都掀起了饺子宴热，西安的饺子宴在人民大会堂的宴会和台北的美食节都亮相了。连日本也频频邀请解放路饺子馆的职工去表演，日本《读卖新闻》甚至把饺子宴称为"中国国家秘密"。1987年以来，解放路饺子馆和德发长饺子馆以技术培训、技术表演、技术输出等方式把饺子宴介绍到北京、广州、杭州、哈尔滨、西宁、郑州、香港等几十个城市，赢得高度的称赞。

通过一段时间的发展，西安饺子宴的阵营不断扩大，五路口西北角的解放路陇海饺子馆也开始推出饺子宴，有些饭店、宾馆兼营饺子宴，有的还打出"正宗饺子宴"的招牌招揽顾客，也有人说"不吃饺子宴不算到西安"。

西安的饺子宴一般有100多种馅料的饺子，根据食客的多少分盘分次上，先上炸、煎类饺子，后上蒸、煮类饺子，口味按咸、甜、麻、辣顺序，咸味按海鲜、鸡肉、清素顺序，中间上一道银耳汤漱口清喉调节口味，再上其他饺子，层次分明，回味无穷。无论每桌客人有多少位，每碟饺子的馅料都相同，刚好每人一个；以后每碟的馅料与前一碟都不相同，吃完一盘再上一盘，直到食客吃不下了为止。

辇止坡老童家（北广济街店）

地址　西安市莲湖区北广济街162号

电话　029-87283598

太后止辇『辇止坡』

老童家腊羊肉

　　西安享有盛誉的腊羊肉已经有300多年的历史。腊羊肉又叫香腊羊肉、腌卤羊肉、红香羊肉等，并非南方的熏腊羊肉。

　　清朝初年，西安的经济开始衰败，但作为丝绸之路上的商业重镇，它的畜牧交易却十分频繁。西安的畜牧市场光经营羊肉的店铺就有10多家，他们日日宰羊，各家都有自己的绝技和特色，竞争十分激烈，还相互倾轧。童家想改变这种现象，童氏兄弟在经营好自己店铺的同时，努力学习各家所长，形成了自己的腊羊肉，他们还找出各家的缺点，帮助其改良配方。

　　清光绪二十六年（1900年），八国联军入侵北京，慈禧太后和光绪皇帝及庞大的后宫家眷仓皇出逃，先到就近的山西。山西也不太平，慈禧太后无法安身，只得继续往西迁徙，到达古都西安。她坐御辇途经广济街口时，那里是一个陡坡，前行的队伍只得放慢脚步，缓缓往坡下移动。忽然一阵浓郁的羊肉香气飘来，慈禧太后已经很饿了，忙唤宫女停辇询问，方知附近有家姓童的人开的腊羊肉店，烹饪好的腊羊肉正好出锅。

童家腊羊肉店有知晓礼数和明事理的管事，马上精选最好的腊羊肉送到辇前，请求慈禧太后"御口恩尝"。慈禧太后以前深居宫廷，对民间美食知之甚少，又是第一次品尝腊羊肉，胃口大开，连吃了几块，还大加赞赏，传谕列为贡品。李连英应声道："幸蒙老佛爷圣誉，足见腊羊确是民间上品，奴才方才闻味，已觉其香无比，才吩咐肉馆掌柜精选特制，日日供奉。"军机大臣鹿传霖插嘴道："老佛爷敬天恤民，堪与日月比崇，若能赐匾永志，更可俯沐万世。"慈禧太后道："滋轩之言正合我意。只是这民间肉铺，赐匾务须注重典雅。"鹿李二人考虑到这条街呈斜坡状，童家腊羊肉店在坡东，慈禧太后又在坡前止辇，认为以"辇止坡"为文赐匾甚好。李连英连声称道："典雅脱俗，玉振金声。"慈禧听后大悦，点头依允。便由邢维庭手书"辇止坡"金字牌匾一块，悬挂童家腊羊肉店门首。从此，童家腊羊肉名噪西安，成为一方特产。

老童家腊羊肉选料精细、工艺考究。选羊要双背圆尾、腰粗腿短、生长2年左右的肥羊。以带骨鲜肉为主，配以青盐、芒硝、八角、桂皮、花椒、草果、小茴香等辅料，经过砍坯、腌肉、配料、卤制、上色等工序。制作时，将连骨羊肉洗净，改刀切条块，将羊肉皮面相对折叠排放在大缸里，用精盐和芒硝腌2~5天。羊肉在大缸里腌至肉心发红，盐水起涎丝，才完全腌透。卤煮羊肉时，用拆下来的羊骨加调料，卤汤用百年老陈汤，水用老井咸水，旺火烧开再加青盐和辅料。把腊羊肉放在肉板上用重物压成形，改用小火焖煮三四个小时，等羊肉酥烂肉骨分离时再捞出，用原汁肉汤冲洗羊肉表面，最后清洗羊肉表面卤汁，用净布沥干。

我品尝了老童家刚卤出来的腊羊肉，它风味独特，有着浓浓的卤味香，表面色泽红润。吃在嘴里，羊肉的质地细腻，没有柴的感觉；闻起来毫无膻味，那咸香味很醇正，是佐餐下酒的良菜、馈赠亲友的佳品。

张记肉夹馍（子午路店）

地址　西安市小寨西路与朱
　　　雀大街交叉口东南角
电话　029-85391737

腊汁肉

为肉夹馍增光添彩

　　到西安旅游的人都会去品尝肉夹馍的味道，馍里夹的肉有的肥，有的瘦，有的肥瘦相间，这是西安人酷爱的腊汁肉。腊汁肉并非腊肉或者卤肉。腊汁是西安话，即卤汤，俗称老汤。腊汁肉是用多年的陈汤卤制的猪肉，一般是肥瘦相间，以五花肉为最佳。行走在西安的街头，经常看到药店门口悬挂着出售腊汁药料的广告。在西安，几乎家家户户都有一个储存腊汁的罐子，这个罐子就是做腊汁肉用的。

　　在战国时代，我国的寒肉已经在秦晋豫三角地带的韩国诞生，并迅速传播开来，成为韩国很多地方大宴席的美食，并进入国宴，成为韩国的"国肉"，又称为"韩肉"。秦国消灭韩国之后，这道美食也被秦国人学会，成为一种风靡秦国的美食，并传到西安，一直流传至今。

　　贾思勰的《齐民要术·脯腊》中记载："五味脯，正月、二月、九月、十月为佳。用牛羊獐鹿野猪家猪肉。或作条，或作片……各自别捶牛羊骨令碎，熟煮取汁，掠去浮沫，停之使清。取香美豉，用骨汁煮豉，色足味调，漉去滓。待冷下盐。细切葱白，捣令熟，椒、姜、橘皮，皆末之。以浸脯，手揉令彻。片脯三宿则出，条脯须尝看味彻乃出。皆细绳穿，于屋北檐下阴干。条脯浥浥时，数以手搦令坚实。脯成，置虚静库中。纸袋笼而悬之。腊月中作者，名曰瘃脯，堪度夏。每取时，先取其肥者。"

现代版腊汁肉在西安已有近百年的历史，它在吸取历史饮食文化精华的基础上，应用了寒肉、脯腊等方法。现代版腊汁肉由樊凤祥父子俩在1925年改进而成，它选料精细，调料全面，火功到家，用陈年老汤煮制，瘦肉酥烂，滋味鲜长。腊汁肉要选皮薄、硬肋条优质猪肉作为主料，这样才能"肥肉吃了不腻口，瘦肉无渣满含油。不用牙咬肉自烂，食后余香久不散"。将肥瘦适中的鲜猪肉洗干净切成长条，放在陈年老汤锅里，加凉水、食盐、料酒、糖色及八角、桂皮、花椒、丁香等调料煮熟。

煮肉的汤为几十年以上的老汤，积蓄了几十年的肉汤和香料精华，特别香醇幽远。煮出来的腊汁肉还有健胃消食、润肺理气、散寒祛风、镇痛化滞、通窍开胃等功效。

煮腊汁肉的时候要加多种中草药和香料，包括良姜、白芷、肉桂、丁香、大茴香、小茴香等，把这些中草药和香料混在一起，用一块土布包扎成药料包。在煮腊汁肉的时候，把焯过水的猪肉和药料包一起放在卤汤中煮，直到腊汁肉煮好才捞出药料包。煮好的腊汁肉黑里透红、晶莹光亮、香味扑鼻、嫩烂香甘，吃起来肥而不腻、肉瘦无渣，令人满口生津。

对于腊汁肉，西安人最普通最简单的吃法是将其改刀切成薄片，整齐地码放在盘里。西安人常用的味碟由红油辣子、姜末、蒜泥、葱、醋、味精等调制而成，用筷子夹起一片腊汁肉放到味碟里蘸一下酱汁，再送入嘴里，味美至极。

我在西安的时候，喜欢吃肉夹馍里的腊汁肉。有时候也到张记肉夹馍去吃腊汁肉。这里的腊汁肉入口的时候有股非常明显的中药味。吃在嘴里，腊汁肉的香味浓郁，远远胜过腊肉，它的卤味和咸香是无法抵制的诱惑。腊汁肉里的肥肉入口即化，不用嚼。腊汁肉的瘦肉没有腊羊肉细嫩，它的肉丝粗，并且十分耐嚼。细细嚼，一块腊汁瘦肉很快便嚼成一根根肉丝。我个人更喜欢大块、大坨的腊汁肉，它在嘴里让人有饱满感，更耐嚼，可以慢慢享受。腊汁肉吃完，回味甘甜，醇美异常。

对于腊汁肉，西安人还有一种吃法，他们把大块的腊汁肉切成片或丝或丁，再加葱、姜、蒜、料酒等作料，与蔬菜同炒，吃起来也无比美味。

惠记粉汤羊血（熙地港店）

地址　西安市未央区未央路
　　　与凤城七路交叉口西
　　　北角熙地港5楼马嵬
　　　印象小吃城

电话　029-88888191

粉汤羊血

嘴角发麻的快感

　　从洛阳一路向西，绵羊就进入了我们的食材范畴，那鲜嫩的口感改变了我对绵羊的记忆。西安人对羊血有着特别的喜爱，粉汤羊血就是其传统美食。

　　粉汤羊血是纯民间的美食，后来经过厨师的提升和小商贩的推广，粉汤羊血被引入市肆成为一款大众美食，但仍保留了它的民间风味和特色，为普通老百姓所喜爱。

　　黄土高原地势平坦宽广，灌木低矮，乔木比较少，适合于放牧养羊。陕西人喜欢养西北的大绵羊和食北方的碱羊，他们在饮食烹饪方面也善于治羊和调理羊羹、羊汤等美味。西安有小吃"三泡"之说，即西安的三种泡馍类小吃：羊（牛）肉泡馍、葫芦头泡馍、粉汤羊血。宋代吴自牧的《梦粱录》有"羊血粉羹"的记载：本是小店经营的市食小吃，每份不过十五钱。

　　西安的羊汤，并非南方传言的那样是用来暖身体的，也并非主要在冬季享用。在西安的大街小巷随处可见专门经营羊汤的门店，这里的人一年四季都吃羊肉，一年四季都喝羊汤。早上喝碗羊汤，让人觉得清新甜美，一天很有奔头；累了一天喝碗羊汤，让人觉得很解乏，又有了精神和力量。西安人也喜欢物美价廉的羊血汤。羊血据说可以清除肠道沉渣浊垢，对尘埃、金属微粒等有净化作用。羊血含有多种微量元素，含铁量较高，对营养不良、肾脏疾病、心血管疾病的人食疗和病后的调养、补血都有益处。

《陕西传统风味小吃》载：粉汤羊血"麻、辣、咸、香、光、嫩。羊血鲜嫩，入口光滑，调料多样，辣香扑鼻，助人食欲，有利消化"。现在西安的羊血汤分辣子蒜羊血、粉汤羊血两种，其中的羊血都是麻麻辣辣的，是天冷时吃热汤头的好食材。辣子蒜羊血的蒜味非常大，粉汤羊血的胡椒、花椒味很重。

现在西安流行的粉汤羊血源于南院门一个摆卖羊血的地摊，当时的老板叫王金堂。20世纪30年代，他对还是粗放式的羊血吃法进行了改良，根据食客的口味喜好添加了粉丝、豆腐等食材和腊汁油等独门调料，在刀法、烹饪、口感、味道等方面进行了改造。20世纪50年代初，王记只是一间小小的门面，只有几张简陋的桌子，炉灶设在店门口，操作过程食客看得一清二楚。食客自己用手将馍掰成铜钱大小的块，再由服务员送至掌勺师傅手中添汤。到了21世纪，人们仍说西安最好的粉汤羊血是王记的，尽管它早已不复存在。

粉汤羊血最主要的食材是羊血。宰羊时趁热将羊血接在盆里，用马尾箩滤去杂质，倒入同量的盐水，用细棍轻轻搅匀，待其凝固后用刀划成厚的条状血块。锅中倒入开水，小火慢煮，煮至羊血块如嫩豆腐时为止，大概煮1小时，捞起放入清水中冷却。除去血块上的血沫和附着的沉淀物及渣滓。左手伸直，五指靠拢，对准刀路，轻轻压在羊血块的表面。右手持刀在凉水里蘸过后用平刀法片成血片，操作中刀身前后上下均持平。将血片码放成斜坡，再用直刀法切成火柴棒粗细的长条，整齐地排入盆内。

做粉汤羊血要用到羊血、粉丝、豆腐、青菜及多种调料，由制血、配调料、泡馍三个步骤组成。吃时配粉丝、香菜等辅料，羊血鲜嫩，粉丝光滑筋软，辣香扑鼻，寒冬季节吃最佳，调料温中健胃、芳香开窍，特别受年老胃弱的食客青睐。羊血里需要添加15种香料做调料，有花椒、小茴香、桂皮、八角、草果、丁香、上元桂。调料的配制很讲究，先将花椒、小茴香放入干锅里加温去潮焙干碾成细面，火不宜太旺以免焦烟，其他13种香料按计量标准混合后碾碎成面，过箩筛后再与花椒、小茴香面搅拌均匀，装入调料包。往洗干净的锅里放清水和调料包，煮至调料出味，取出调料包，倒入炼好的猪油继续熬煮，直至水分蒸发完，调和水煮干，调料味浸入猪油，即成腊汁油。给锅里添清水，水开之后加盐，再加荠粉，保持锅里的汤微开。把切好的羊血放在漏勺里，移至汤锅里摆动几下，在汤汁里浸泡加热，充分吸饱腊汁油，捞出放入大碗内铺开。将泡好的粉丝放入汤里烫一次，将开水煮过的豆腐块在汤锅里烫热后放入碗内。按顺序调入腊汁油、辣椒油、生菜花，浇适量的滚汤在碗里即成。

粉汤羊血可以配烧饼、馒头、锅盔食用，配得最多的是烧饼。食客可以要汤自己拿饼泡着吃，也可以将饼掰成铜钱大小交给大师傅来泡。掌勺师傅先把羊血丝放入滚开的锅中焯上1分钟捞起。把粉丝烫好放进碗里，用勺给碗内浇灌热汤，热汤入碗片刻，即倒入锅中，又从锅中盛出滚汤往碗中浇灌，如此反复数次，直到馍块泡热泡软为止。最后放上豆腐块，再调辣椒油，放蒜苗末、香菜末，加以热汤，即成为一碗热腾腾香喷喷的粉汤羊血。

做粉汤羊血有几个要求：羊血鲜嫩，汤味以麻、辣、咸出头，花椒、小茴香窜香扑鼻。羊血要烫得恰到好处，入口脆嫩。汤汁可以要原汤，也可以要辣子。口味偏重的汤，舍得放蒜，醋的比例不宜过多，辣椒油要香，酸酸辣辣才好吃。

我去过西安的惠记粉汤羊血店，它的羊血给的分量很足，还有粗粉丝、老豆腐，把饼子往里一泡，味道太美了，要是不吃饼就觉得太可惜了。我觉得一碗粉汤羊血兼具麻、辣、咸、香、光、嫩等特点。羊血的口感嫩嫩的、麻麻的，比较滑，比较脆，可以用鲜嫩爽滑来形容。汤味厚重，卤制的豆腐口感很好，没有丝毫腥味。辅助食材很丰富，里面的料很多。特别是上面那层漂着的辣椒油，让整碗汤通红，吃得嘴角发麻、满头大汗，不吃辣椒的人有可能会被吓到。辣子蒜羊血都切成细条，用辣椒拌一拌非常香，汤汁也很浓厚。煮汤的大锅冒着热气，大老远就能闻见香气。羊血鲜嫩，入口光润，诸味协调，辣香扑鼻。汤里使用的粉丝品种繁多，有绿豆粉丝、蚕豆粉丝、红薯粉丝、土豆粉丝等。粉丝按其形状有粗、细、圆、扁、片等多种；根据各地的制法差异叫法不同，有的叫粉丝，有的叫粉条，还有的叫凉粉、冬粉等。

我吃遍西安的粉汤羊血，做了一些点评，认为王记口味平平，吴记口味略好些，网评最好的是赵记，人气最旺的是土门刘家，口味最棒生意最火爆的是惠记。王舵、樊家、赵记是外地游客聚集的地方，在那里还可以品尝到陕西的其他小吃。惠记、赵记、王记、吴记的味道有着明显的区别，共同的特点就是麻味很重，吃完半天舌头还有麻感。

杨二麻食（第三分店）

地址	西安市雁塔区含光路南段与明德二路交叉口西150米
电话	13319223762

烩麻食

配菜百变的富饭

到关中旅游，行走多日之后，很多人都会被当地的美食诱惑，最初确定的历史文化之旅慢慢便变成了陕西美食文化之旅。在西安一定会吃到一种叫麻食的美食，有的地方叫它麻什、麻食子、麻什子等。那大拇指指甲盖大小的面疙瘩，中间略薄，边缘翘起，很难想象它就是美名远播的麻食。

烩麻食是关中地区的一种家庭小吃，在西安及周边地区十分流行。它也叫猫耳朵、猴耳朵等。陕北地区则叫它圪坨，贾平凹的《陕西小吃小识录》里专门有一篇《圪坨》介绍它。这种小吃以荞面为原料，掐蚕豆大面剂子在干净草帽上搓为精吃，切厚块以手揉搓为懒吃，煮熟麻食后盛干的半碗，浇上羊肉汤，成为羊腥麻食。

元代忽思慧的《饮膳正要》有"秃秃麻食"的记载："秃秃麻食系手撇面。补中益气。白面六斤作秃秃麻食，羊肉一脚子炒焦肉乞马。上件，用好肉汤下炒葱，调和匀，下蒜酪、香菜末。"最早的麻食是用手撇面与羊肉为配料制作而成的，后来经过数代厨师的不断改进，其制作工艺和用料发生了很大的改变，慢慢变成今天关中流行的烩麻食。

把精面粉加温水和成面团，面团要稍硬些以保持它的筋道，揉透后略醒一会儿，大概20分钟。擀成1厘米厚的面饼，再切成1厘米宽的面条，将切好的面条用手在案板上搓成圆柱状，摘成蚕豆大小的面剂子或小面丁，用大拇指在案板上轻微摁一下面剂子或小面丁，面就会卷成海螺状，将其搓成空心形似枣核的麻食坯。案板最好有花纹，案板表面稍微粗糙的易搓成形，搓出来的麻食造型会漂亮些。把猪肉、豆腐、萝卜、鸡肉、火腿、土豆、豆角、西红柿、青菜等食材皆切成细小丁块，如开心果大小，把葱和姜切成细丝。往洗干净的铁锅加少许花生油烧热，把葱丝、姜丝爆香，西红柿在锅中炒成酱，加各种切成丁的原料，煸炒至七成熟后再加肉汤、精盐、酱油、醋、味精、水等调料，烧开后加麻食坯一同烩煮，等汤汁煮到浓稠时即成。以麻食熟透为度，不宜久煮，否则会太软。出锅时加辣椒油、青蒜叶、花生米、醋等调味，大勺一搅盛入碗中，浇上臊子调入佐料即可食用。

制作麻食对配料没有严格要求，简单便捷，可精可粗可荤可素，普通家庭常以此调剂饮食花样。麻食煮着吃，就是俗称的烩麻食；麻食用清汤煮熟后捞起现炒，就是俗称的炒麻食。我在西安的杨二麻食小吃店吃过麻食。烩麻食的主辅料相融合一，爽滑筋道，鲜咸适口。它配料丰富，色彩美观，乡土气息浓郁，配上时令蔬菜，可以做出百变的花样。

爱国将领杨虎城是陕西蒲城人，当抗战胜利的喜讯传来时，他情不自禁地对夫人说："快给我买顶草帽，我要吃家乡饭，再买些酒菜来，好好庆祝下。"杨虎城所说的家乡饭就是麻食，草帽是制作麻食的工具，为的是搓上草帽的花纹。

今天的麻食分布在陕西、甘肃、山西等省份，是人们喜欢的一种日常简单饮食。西安人吃麻食离不开羊肉汤，民歌云："荞面圪坨（麻食）羊腥汤，死死活活紧跟上。"麻食是种富饭，羊肉汤里可以放入黄花、木耳、豆腐、栗子等。麻食多热几遍会更香。

欢欢豆花专卖店

地址　宝鸡市凤翔县东湖路与
　　　雍辉路交叉口东北 50 米

电话　无

早餐第一碗

豆花泡馍

陕西关中的宝鸡凤翔县古称雍州，由"凤凰鸣于岐，翔于雍"得名。这里有种美食叫"早餐第一碗"——豆花泡馍，它与岐山臊子面、扶风卤糕馍齐名。它源远流长，久负盛名，由豆花、豆浆、泡馍三者组合而成。

凤翔人用淀浆法制作豆花，先挑选优质大豆，即关中话说的籇豆，拣出有虫咬过的、不完整、不饱满及发霉的大豆，将选出的好豆搓洗干净，再浸泡4~6小时，让大豆泡软。之后将大豆磨成豆浆，入锅煮开，放消泡剂搅匀，加石膏水再煮开，倒入保温桶内加盖，七八分钟后凝固成洁白如玉的豆花，鲜嫩爽滑，久煮不散。

凤翔人又称泡馍为锅盔，它厚若过寸，成圆锅形，被敲时咚咚有声。用上等的小麦精面粉加碱水调匀成面团，在案板上反复揉压，加干面粉揉成硬面团，擀成与烤锅锅底同样大小的圆形饼坯，放锅里文火慢慢烙熟，再切成1寸左右的薄片备用。凤翔人对锅盔的火候、口感有严格的要求，要求色泽金黄、外脆内韧、嚼来筋道、麦香醇厚。食用时用快刀把锅盔削成形似金叶、色泽艳丽的薄片。切馍的师傅是店里的大拿，他的一把侧铡刀使得好坏全在天长日久练就的功夫里。老话云："玉手金叶东湖柳，揣在怀里难撒手。"金叶指的便是金黄的锅盔薄片。

西府人有句话"白汤雪花红油转，不觉吃了九十年"，说的就是豆花泡馍。宋红春的《凤翔豆花泡馍》歌云："西府凤翔有一怪，豆花泡馍人人爱。左手锅盔右手碗，只想吃碗汤豆花。汤正煎，馍未蔫，碗中豆花还在闪。一碗泡馍一种情，碗碗都像西府人。"

宋嘉祐六年（1061年），苏轼任凤翔府签书判官，在凤翔工作、生活了3年，写下130余篇诗文，著名的有《凤翔八观》《石鼓歌》《太白山早行》《王维吴道子画》《喜雨亭记》《凌虚台记》等。传说，苏轼对凤翔的豆花泡馍极为推崇，他品尝后连呼惊奇。凤翔人称赞别人喜欢讲俗话，苏轼称赞豆花泡馍也有一句俗话："东湖柳，姑娘手，金玉琼浆难舍口，妙景，巧人，佳味，实乃三绝也。""金玉琼浆"说的就是豆花泡馍，"金"指金黄的馍片，"玉"指豆花，"琼浆"指豆浆。

凤翔县的豆花泡馍店每天早晨6点左右开门营业。客人落座后，厨师把切好的3两重的锅盔倒入热豆浆锅里。锅盔不能切得太厚或太薄，太薄一煮就烂，太厚久煮不透。锅盔的多少可以随客人的饭量而定，食量大的一餐可以吃半斤八两。煮三四分钟，用漏勺捞出放在大碗里，再舀两三片豆花放在锅盔上，浇上烫热的豆浆，加精盐、酱油、油泼辣子、榨菜、黄豆、葱花、香菜等调料，满满一大碗，看上去红里透白，白中有红，黄中带绿，甚是诱人。葱花、香菜赏心悦目，红油香辣满口，白糖香甜绵长，既有北方的厚道简约、酣畅淋漓，又有南方的精致香软、温情婉约。有的店家还送一小碗豆浆和一小盘糖蒜或咸菜，让你觉得很超值。

每天一大早，从凤翔县城的东关向西走去，隔不了多远就有一家经营豆花泡馍的摊点，摊子跟前围满了人，有老人、小孩、姑娘、农民工、学生等，人人端着个大碗，或坐着或站着，有的干脆在路边或坎上蹲着，吃得那个香，让人看了垂涎欲滴。在凤翔老街，还可以吃加量版的豆花泡馍，那是加了猪头肉的豆花泡馍，既有豆花、豆浆、泡馍，又有肉，吃起来很过瘾、很解馋。

　　凤翔人对豆花泡馍的评价可以总结为"豆花要嫩，豆浆要煎，辣子油要汪"。他们觉得吃口馍是筋筋的，吃口豆花是滑滑的，喝口豆浆是暖暖的，综合在一起的味道是咸辣清香都有。这味道用陕西话说就是："嘹咋咧！"用西安话说就是"额滴神呀，豆花泡馍真好吃！"凤翔人还会告诉你，吃豆花泡馍不能放醋，否则豆浆就不好吃了，所以在凤翔的早餐桌上是找不到醋瓶的。

　　我在欢欢豆花专卖店吃过地道的凤翔豆花泡馍。我看到店家把豆浆、馍片、豆花混为一碗，那豆花洁白如玉、细嫩似脂、岫山生烟、滑爽嫩细；那馍片金黄有加，在碗里如秋叶嬉水，香软耐嚼、回味醇厚；豆浆汤色乳白，如琼浆玉液，豆香浓郁。

　　会吃的人，再佐以凉拌小菜或爽口咸菜及烧腊卤品等，那样既可解渴耐饱，又醇香滋润；既可饱餐一顿，又是一种享受和追求。对那些在外上学、工作、打拼的游子来说，能够回家乡吃碗凤翔豆花泡馍多好啊！它不只是一种美食，也是一种记忆、一种乡情、一种情愫、一种对家乡无尽的思念。

　　豆花泡馍作为凤翔县的特色早餐，曾经大多只是摆摊设点卖，连门店经营都很少见，出了凤翔、宝鸡就很少见到了。近年来，凤翔的豆花泡馍发展迅速，不仅在凤翔县、宝鸡市的大街小巷都有，而且它走出了宝鸡，走出了关中，遍及西安和陕西全省，乃至辐射到陕西的周边省份。

侯家扯面

地址　宝鸡市渭滨区红旗路万
　　　合国际一楼4号门面
电话　18302900348

扯面

好吃到陕西姑娘不外嫁

　　西府是凤翔府的别称，现在泛指宝鸡及其周边部分地区，包括咸阳以西，北至彬县，中含武功、兴平、礼泉，西至宝鸡市境内三区九县。西府为秦腔的发源地，也是中国小吃文化发源地之一。西府面食众多，以花样奇特、味道鲜美、古朴悠长著称，其中扯面是深受大家喜爱的面食，也是现在宝鸡小面馆中最常见的面食之一。

　　西府扯面就是白露面。白露是二十四节气中的第十五个节气，每年农历八月中（公历9月7日或8日）太阳到达黄经165度时为白露。《月令七十二候集解》中说："八月节……阴气渐重，露凝而白也。"白露时节养生讲究止咳消炎，避免刺激呼吸道。

　　扯面又叫拉面、搜面、捆面、桢条面、香棍面等，按形状分有宽扯、韭叶、细棍棍、揪片、削筋、大刀铡面、刀削面等，按原材料分有白面、菠菜面、荞面等，按添加佐料分有臊子干拌、西红柿鸡蛋、炸酱、油泼、浆水、鸡汤等。有拉搜宽厚如腰带的大宽长面；有细薄似韭叶的二宽面；有细如银丝的龙须面；有粗如筷子的箸头面；有三棱形似宝剑的剑刃面；有搜成短节的空心面。品类繁多，每种都是精华。

扯面流行于陕西、山西及甘肃徽县、两当、成县等地，有3000年的历史，以宝鸡的西府扯面最为正宗，它主要用上等的白面粉、鸡蛋、菠菜、红萝卜、调味品、臊子等做成。

做扯面时先将高筋面粉用盐水和好，或者在面粉中加入盐混合均匀后加水揉为软面团，水要多，顺着一个方向揉，将面团揉透，使其筋道。盘里抹上油，将揉好的面团揪成小剂子，搓成圆柱状，依次摆放在大盘里，表面刷上薄油。用湿布盖好放置1小时以上，让面发软。先在案板上扑些干面粉，取剂子捏成长条状，用干面粉滚匀，再按扁，用擀面杖擀成较厚较宽的面片，宽约15厘米，厚约1厘米。把摊开的面条切成厚度宽度相仿的细条，再两手拿起面条的两端，上下抖动甩向案板，在案板和空中借用面的弹跳力轻轻抻拉，将面条扯长。扯面的动作要轻，用内力，用力过大或者使蛮劲容易拉断面条。扯成薄而未断的面片，再对折起来扯，扯成更薄的面片，放入沸水锅里煮熟。扯面是一条条下锅的，等最后一条面入锅时，先前下的面条早已煮熟，稍作等待就可以全部出锅了。

做扯面时和面的技术是最关键的，水和面的比例是1斤面6两多水；和面的过程也比较重要，先打成面穗再揉成面团，反复兑水轧软，再用湿布蒙住面；醒面是必需的过程，面醒1个小时以上最好扯。

我在宝鸡的侯家扯面馆吃过最地道的西府扯面，它的扯面盖码用的是猪肉、香菇、冬笋、豆芽等食材炒成的卤汁。将面条煮熟捞出，不用过水，浇上卤汁，加盐、鸡精、醋、酱油、辣椒粉等。浇烧热的葱油，让辣椒粉瞬间烫熟变香，释放辣椒的香和辣，散发葱的香味。扯面汤清味鲜，清淡爽口，面长不断，色泽协调，光滑柔韧，筋韧酸辣，淡雅清香。还可以放几根油菜，搅拌均匀即可食用。油泼辣子用八角、花椒、姜片、甘草、桂皮、白胡椒、茴香、肉蔻、丁香等香料做配料，味道不一般。我觉得这面条的柔韧性特别好，面香味极浓。有人说："宝鸡的面香在岐山农家自酿的酸爽宜人的香醋，宝鸡的扯面香在那一筷头油泼辣子红的鲜艳里，香得地道，辣得过瘾。"宝鸡人吃面条喜欢哧溜哧溜地吸进肚子，省略了那个细嚼慢咽的过程，嘴巴上却沾了一圈辣子油，通红发亮。这种粗犷和豪爽一开始我无法理解、无法接受，但是等我吃完，我才发现自己的嘴巴也有一圈辣子油，我才理解了他们的习惯。

宝鸡市的面馆多，大街小巷随便一家面馆的味道都很正宗，随便一个宝鸡人都能说出几家有名的扯面馆，如张辉、王军、眼镜、满满、亚麟、长源、王斌、小陈、大鼎等，每家都有独门秘方，饭点时分家家爆满。俗话说："陕西姑娘不外嫁，扯面师傅不出陕。"也正是因为如此，在陕西以外的很多地方人们没有办法尝到正宗的西府扯面。

岐周搅团馆

地址　宝鸡市渭滨区红旗路
　　　3号
电话　18700711848

搅团

评判媳妇贤惠的标准

　　搅团是用杂面搅成的糨糊。常见的搅团分荞面搅团、玉米搅团、洋芋搅团等。陕北人特别喜欢用荞面做成的搅团，他们觉得荞面搅团比其他搅团更加筋道、美味、可口。搅团是陕北民间的家常便饭，曾经家喻户晓，人人皆吃，并且不分时令，四季皆宜。

　　搅团严格意义上分为普通搅团和油搅团两种。普通搅团以青稞面、豌豆面、荞麦面、玉米面、洋芋面等为主要原料做成。油搅团大部分以小麦面粉为原料，在第一轮搅拌之前加入一定的食用油。在陕北大地上，流行着一个说法："谁家娶的媳妇儿贤不贤惠，要看她打的搅团光不光或筋道不筋道。"可见搅团的普及性和重要性。

　　据说，诸葛亮屯兵西岐（今岐山县）的时候，中原大地久攻不下，他又不想轻易撤兵回蜀，便让军士们利用休养生息的时间去发展农业生产以补充军粮不足，军士们老吃面食有些厌倦。诸葛亮为了调节军士们的情绪和饮食，发明了搅团，并叫它"水围城"。

做搅团的过程有些复杂。将锅洗干净加水烧开，把小米煮成粥之后改用中火，左手慢慢撒下荞麦面，右手拿棍子或勺子在锅里朝一个方向用力均匀搅拌，搅360圈，并且不能停，锅里不能有生面块和硬疙瘩。加适量的开水，把稀糊划成一团团的，等稀糊冒泡之后，再撒上小麦面粉，用同样的方法继续搅，直至稀糊均匀无小颗粒为止。加入开水烧热，等熟后再搅匀一次。搅拌的稀稠以可以拉到离锅15厘米左右不断线或铁勺子插进稀糊中不倒为标准，此时即成搅团的半成品。改小火烧干水分，继续搅或转锅，以不粘锅或冒烟为佳。俗话说："搅团要好，搅上百搅。"越多搅，做出来的搅团就越好吃！

做搅团的工作主要由家庭主妇来完成。打搅团很费体力，往往要用上全身的劲儿。妇女的体力和耐力都有限，搅一阵要小歇一会儿，在停歇的时候她们会舀一勺稀糊向空中一提，一条溜滑溜滑的蛇线飞流直下，这是在测试搅团的软硬、稀稠是否合适。她们搅一遍再搅一遍，一会儿单手一会儿双手，手臂在不停地摇动，全身随着手臂或轻或重或紧或慢地晃动，好像在跳摆手舞。20世纪六七十年代，人们吃搅团主要用醋水协助吞咽。醋水用香油、辣椒、蒜泥、姜末、芝麻等调料做成，呈红色。酸爽的醋水可以掩盖粗粮的缺陷和解决难以下咽的问题，酸味还可以增加口感，增强食欲，于是人们很快就吃完、吃饱了。

荞面搅团是陕北人杂粮精吃的一个范例，那搅团筋道可口、透明晶亮、形似白玉。配腌酸菜的酸汤汁和鲜红的醋蒜汁或西红柿辣椒酱，还有青翠的香菜段和绿色的葱花，那是色、香、味俱全的美食，口味和口感都十分特别，吃了让人神清气爽、回味无穷。

还有人把搅团叫作"哄上坡"，是指它体积大内容却不多，吃了几大碗把肚子撑得又胀又大，可走几步路尿泡尿肚子里就没货了。乡间匠人有句俚语："你给咱吃搅团，咱给你失搞干。"也就是说：你用搅团哄我，我给你做的活儿也哄你！

在宝鸡一带，人们吃搅团的方法有很多种，如水围城和漂鱼儿。最普通的吃法是趁热盛一团入碗，加酸汤、油泼辣子顺汤搅匀，从碗边夹起一块在汤里一撩送入口里。酸汤种类很多，萝卜缨腌成酸菜配搅团，不仅增色，还很爽口。搅团可以煎汤热吃，也可以凉调冷拌。热搅团出锅摊凉，冷却定形切成薄条，像凉粉一样拌入调味料，既可当饭也可做菜。玉米糁就搅团最相宜，稠稠的一碗玉米糁上堆满汪油红辣子的凉拌搅团，吃起来带劲儿。

水围城是在大粗瓷碗里盛上半碗水，舀一坨搅团，浇些用开水泼的辣椒。我

在岐周搅团店吃的搅团就是水围城,将搅团就着辣椒水吃,又辣又热,吃起来很爽口,吃完大汗淋漓,却很舒服,比餐馆里的大鱼大肉来得实惠。

漂鱼儿是取盆凉水,把滚烫的搅团从漏勺过一下,在凉水里拉成小指粗细的线,边漏边换盆中的水,让其冷却,漏完用笊篱捞出来放在碗里,再浇些水,放水泼辣子着色。漂鱼儿我没有吃,只是看着朋友们吃,他们本地人很喜欢。

最简单的吃法是将搅团舀到碗里,在中间压个小坑,把调好的辣椒汁倒在坑里,从边上夹一块到中间坑里蘸调料。也有把搅团盛在大盘子里,每人用一个小碗盛酱油、醋、辣椒油调成的蘸料,再各自用筷子在盆里夹搅团蘸蘸料吃。将剩下的搅团切成片跟青菜、豆腐、粉条加汤烩在一起,也是一种吃法。

陕北人还有炒搅团、凉拌搅团等多种吃法。不过,搅团吃多了不容易消化,而且荞面性凉,不宜多吃。

美伦大酒店

地址 宝鸡市渭滨区开发区
火炬路 2 号

电话 4008336699 转 5001

洋芋粘

灾害荒年的主粮

在我国西南和西北的大地上，土豆被叫作洋芋。洋芋在这些地区的产量很高，曾经解决了人们的口粮问题，既充当主粮又作菜肴。关中大地的宝鸡有十大碗美食，其中"宝鸡美食第八碗，碓窝砸的洋芋粘；酸醋辣子油泼蒜，吃得妹子乱跳团"。这种拿碓窝（石臼）砸出来的新鲜洋芋粘配上西府特色的酸辣口味的调料，用西安话说实在是"嘹咋咧"。

在宝鸡，洋芋不仅是做菜的原料，还是家家户户不可或缺的主食之一，几乎是宝鸡人一半的口粮。在那些饥荒年月里，洋芋是充饥的干粮，能够养活全家老小，保证他们不会饿肚子。20世纪七八十年代，大人们上山干活前总忘不了在火塘里埋几个洋芋作为孩子们放学后的吃食，好让孩子们放学回家后有东西可以充饥。曾有个客栈的老板，人很幽默，有客人问他伙食咋样，他告诉对方早上吃羊，中午吃鱼，晚上吃蛋，等客人住下来，才知道三餐都是洋芋蛋。

宝鸡的洋芋美食很多，有洋芋片、洋芋面、洋芋丸子等，达数十种。最有特色的是宝鸡人祖祖辈辈相传的洋芋糍粑。宝鸡人喜欢把洋芋糍粑叫作洋芋粘，特别是用碓窝砸出来的洋芋粘是他们的最爱，被列为台面上的食物。

将刚挖出来的新鲜高山白花芋或神仙芋用清水洗去表面的泥土，挑选品相圆润、表皮微黄、大小适中的小个儿洋芋作为原料，不需要进行任何处理和加工，直接上蒸笼隔水蒸熟。宝鸡的高山洋芋个头儿较小，大小如鸡蛋，淀粉含量高，做成的糍粑很有韧性和滋味。经过1个小时的隔水武火猛蒸，洋芋的表皮全部爆裂，甚至翘起。从蒸锅里捡出洋芋，趁热剥掉表皮，摊放在案板上或者瓷盆里，让它们自然凉凉。热洋芋做的糍粑没有黏性，不能性急。

宝鸡人喜欢把石臼称为石窝窝。男人们在河道上劳作或放牛，碰到石质坚硬、外形美观的大石块，总忍不住将其搬回家备用，最常见的是拿来打口漂亮的石臼，以便家里砸糍粑用。被河水冲刷过的石头质地坚硬、光滑、不易掉沙石渣，石匠师傅顺着大石块的原有轮廓将其打磨成漂亮的柱形或方形石礅，在中间凿个较大的窝眼，就成了宝鸡人标准的石臼。

宝鸡人砸糍粑，还需要棒槌。他们用质地坚硬的梨木或铁匠木等木材来做棒槌。先把木头刮去树皮，打磨成榔头状，安上手柄便是打洋芋糍粑的好工具了。这工具拿起来沉甸甸的，很有手感，砸下去也很有力度。

石臼和棒槌一旦拥有，就可以用上很多年。将凉凉的土豆倒入石臼里，就轮到男人们上场了。他们手握棒槌，使劲地捶打石臼里的土豆，先把整个土豆打成土豆泥，再把石臼里的土豆泥翻转一次，接着捶打，直至土豆泥黏成一团，能够扯出长长的面状黏条才能停下来。

一窝洋芋糍粑需要两三个年轻力壮的小伙子轮番上阵来捶打，这个力气活没有任何讨巧和省力的办法，只有一棒槌一棒槌地捶打才能得到美味的食物。老人和小孩只有围观的份，就是年富力强的妇女也只能偶尔捶打一阵子，她们的力气终究敌不过男人的力气。打的时间和力度不够，洋芋糍粑吃起来就不筋道，没有嚼头。谁家的男劳力越多，越勤奋，谁家的洋芋糍粑打得就越好，也越好吃。

我在美伦大酒店吃到了向往已久的洋芋糍粑，他们将石臼里的洋芋糍粑舀出来，要我趁热吃。那黏黏的洋芋泥团，咬下去有粘牙的感觉。洋芋糍粑配上当地的大白菜和烩好的醋水吃，在嘴里嚼起来柔韧喷香、口感细腻、质地绵软、甜润可口。我发现，洋芋糍粑多放一刻钟，渐渐凉下来后会变味儿，没有热的那么好吃。地道的洋芋糍粑出锅时是十分筋道的，我拿筷子几乎夹不断，要用刀切成丁状才能食用，入口后还得耐心地咀嚼。那洋芋香夹着梨木的清香，有说不出的质朴滋味，让我停不了口。

赶上年景好的时候，宝鸡的洋芋就会丰收。高山洋芋不易储存，它们变绿长芽后就无法食用了。为了更好地储存洋芋，聪明的农民把吃不完的洋芋打成糍粑，然后一层一层地涂在房屋的墙壁上，任其自然风干成为墙皮。刚打好的洋芋糍粑黏性很强，房屋的墙壁多用木头建造，糍粑轻轻一涂就粘在墙上了，稍微抹均匀，就成为一面洋芋糍粑墙，远远望去，白花花的一片，十分壮观，像给房子穿了一层白衣裳。

清康熙年间关中大旱，田地龟裂，凤翔、扶风等地几乎颗粒无收，当时的《荒年歌》是这样唱的："正月旱到九月半，水井池塘全枯干，死人又是一大片，十室九空断人烟。"宝鸡人在灾荒年间没东西可吃，就会把墙壁上粘的糍粑撕扯下来放入开水中煮熟，风干的糍粑煮熟后十分耐饥，味道也不赖。

洋芋糍粑的食用方法多种多样：将糍粑切块放入酸菜汤内煮，再浇上辣椒油，色鲜味美，为烩糍粑；把糍粑盛入碗中，把大蒜、花椒、海椒等各种调料放入另一个碗，再加上热的酸菜汤，用糍粑蘸着吃，又是另一番风味。

西岐印象

地址 宝鸡市陈仓区虢镇步行
      街南门川江坝子旁边
电话 0917-6261119

油面茶酥

外脆里酥百叶层

在宝鸡，要问最地道的美食或者最脆爽的美食是什么，很多朋友都会毫不犹疑地告诉你，是油面茶酥或宝鸡茶酥。不过，不管是油面茶酥还是宝鸡茶酥，都不是宝鸡市区的特产，而是宝鸡管辖的凤县的地道特产，为凤县人所发明和食用，后来逐渐流传到宝鸡，所以大家干脆叫它宝鸡茶酥，它也成为宝鸡的一张美食名片。

宝鸡是陈仓道的北端起点，它进入大散关，再南下凤县，在凤县东南与褒斜道于留坝会合。陈仓道多山路和急转弯，周围崇山峻岭，并且蜿蜒盘旋。凤县地处秦岭南麓、嘉陵江的源头，是陈仓道翻越秦岭后的第一个城镇，沿江而居。秦代的故道、汉代的褒斜道、南北朝时期的回车道、元代的连云栈道均从凤县通过。凤县曾是蜀道上的交通要道和中转站。它位于陕甘川三省交界处，山货品种丰富，有北方的醇厚和四川的麻辣鲜香，以米、面为主食，以各种肉食、蔬菜及山珍为副食。

宝鸡的美食歌谣把油面茶酥排在第十位:"宝鸡美食第十碗,油面茶酥黄金煎;外脆里酥百叶层,油了辣婆寿老汉。"茶酥本来是当地的一种小吃,最初没有名字,吃起来外嚓里酥,宝鸡方言里"嚓"是形容入口脆酥的声音,所以当地就叫它嚓酥,又因它多用作茶点,所以也称茶酥。

宝鸡当地人在明代以前很少有喝茶的习惯,后来武夷山茶进入西北牧区后,会在陕西境内停留一段时间,并沿着丝绸之路向甘肃、青海、宁夏、新疆以及俄罗斯等地运输、贩卖,宝鸡及其辖区的人才慢慢有了喝茶解油腻的习惯。特别是左宗棠任陕甘总督的时候,他整改陕西茶叶市场,让长沙的朱昌琳出任南柜掌柜,湖南黑茶由此大量进入陕西。在泾阳县散茶还被压制成茶砖,方便丝绸之路上的运输。凤县人养成了喝茶的习惯之后,就要以香茶为饮,同时配上茶点。一家人或者有亲戚朋友上门来的时候,就要开茶会,大家聚在一起喝茶,那就更加需要茶点。

清咸丰年间,凤县的茶点需求越来越大,而当地缺少有特色的茶点,只有晋商贩卖茶叶时从山西带来的瓜子和花生等。当地有位年轻人叫秃娃,给人家做帮工,学过白案的厨师,揉过面,做过馒头。一天做完帮工,案头上还剩下一小坨面,他总惦记着喝茶的时候没有茶点,想自己做点茶点。所剩的面不多,做馒头只够做两三个。灶上正好还有一锅热油,是红案用来炸鱼炸肉的,还没有收拾好,他就把面团捏成卷子形状,投入热油中炸,炸的时间稍长了点,卷子炸透了,又酥又脆。他晚上与人聚会喝茶的时候,拿出油炸卷子与人分享,朋友们见它色、香、味、形俱佳,就问秃娃这道美食的名字。秃娃随口道"茶酥",意思是喝茶时的酥脆点心。外人以为是秃娃发明的茶酥,就干脆叫它"秃娃茶酥"。

秃娃为了对得起"秃娃茶酥"这个名号,不停地对油炸卷子进行改良,确定为以面粉、猪板油、菜籽油、豆沙、绿茶为主料,外加佐料,以水面和烫面相掺和,加入特制板油泥,用手反复揉捏使面油融合,将面团拍薄成椭圆形,用三扇鏊在木炭上上烤下烙,加油煎、烘烤,应用了煎、烙、烤等烹饪技巧。做这道小吃,最关键的是要掌握火候,才能做好。成品茶酥色泽金黄、外皮酥脆、内层松软、层层落花、油而不腻、口味香酥,经过秃娃无数次改良,逐渐发展为我们今天吃到的宝鸡茶酥。秃娃把自己制作茶酥的技艺传授给了他的徒弟根诚。根诚为人忠厚老实,传承了茶酥的制作方式。现在,我们常以油煎荷包鸡蛋配宝鸡茶酥食用,这样不仅味美适口,也软脆搭配,营养丰富。

　　1927年，鲁金诚、鲁子清两兄弟拜根诚为师，学做茶酥这道小吃，经过多年的学习终于得到根诚的真传，做出了味美可口的茶酥，成为凤县最出色的茶点师傅。1956年，鲁子清加入宝鸡的集体企业，在宝鸡市三好食堂收张秋兰为徒，凤县的茶酥技术传到宝鸡。从此，茶酥作为宝鸡市的一种地方名小吃被人们喜爱和传颂，并被保留下来。随着制作工艺的进步，现如今也有添加韭黄炒鸡蛋或香椿炒鸡蛋的茶酥，那香味更加浓郁可口。

　　我在西岐印象吃到了以韭黄炒鸡蛋为馅儿的宝鸡茶酥，外面很脆很酥，一碰到牙齿就成为碎末，掉在舌尖上。韭黄的清香和鸡蛋的焦香融合在一起，香味不是很浓烈，但足够诱发我的食欲。我发现，最好的办法是一口咬下去，把鸡蛋、韭黄、面酥嚼在一起，三者相互渗透，味道饱满，更有感觉。

传承秦人面食，兼容川晋酸辣

天水·兰州

　　天水饮食习惯传承自秦人，以面食为主，兼容川人和晋人的酸辣，有较高的文化品位和浓厚的民俗底蕴。天水菜肴菜形纯朴、香味醇厚。

　　兰州人以面食为主，但拉面只当早餐。兰州面食风格独特，醇厚悠长，自成特色。兰州人喜咸与辛辣，饮食有鲜明的地域性和独特的民族性。

行住玩购样样通 >>>>>

行在天水

如何到达

飞机

天水麦积山机场位于天水市麦积区，距离市中心约14千米，为军民合用机场，主要航线通往西安、天津、重庆、南京、杭州等城市。将开通至成都、北京等直飞航线。

火车

天水的火车站有天水站、天水南站。天水站位于天水市麦积区陇昌路，1948年建成通车；天水南站为高铁站，2017年通车。

市内交通

公交

天水市有多条正规的公交车线路，城区线路票价为1~2元，市郊公交一体化线路票价为2元，跨区线路票价为3元。

地铁

天水地铁1号线2020年3月开通，连接秦州、麦积两个区。

出租车

天水出租车起步价为5元/2千米，超出2千米加收1元/千米。

住在天水

飞天美居精选酒店（天水店）

地址　天水市秦州区新华路108号
电话　0938-8273888
价格　236元起

该酒店拥有豪华行政间、商务单人间、亲子间、标准间等多种房型，客房设计简约时尚，卫生整洁，配套设施较为完善，交通便利。

天水凯丽瑞斯酒店

地址　天水市秦州区建设路161号
电话　0938-8299955
价格　348元起

该酒店是一家高档商务酒店。所有客房均由名家设计，布置完善细致，风格典雅温馨，环境舒适，有中餐厅和西餐厅可供选择。酒店还设有停车场，共有150余个车位。

玩在天水

伏羲庙

地址　天水市泰州区伏羲路110号
门票　40元

伏羲庙始建于明代成化年间，后经9次重修形成规模宏大的古建筑群，是目前全国保存最完整的明代祭祀伏羲的庙宇，被誉为"华夏第一庙"。

大象山

地址　天水市甘谷县大象山镇五里铺村
门票　30元

大象山是国家级重点文物保护单位。大佛洞窟两旁，依山就势修有长长的走廊，如同一条腰带。廊上窟龛相连，巍峨壮观。现存22个窟龛，正壁开大圆拱龛，设高坛基，并有僧人修行的禅窟，在全国也很罕见。

玉泉观

地址　天水市泰州区玉泉路69号
门票　20元

玉泉观俗称城北寺，又名崇宁寺，占地9万余平方米，为全国重点文物保护单位。玉泉观紧依城垣，顺山势升高，随山沟、崖壁、台地而建。玉泉观内有秦州八景之一的"玉泉仙洞"，相传为芦、梁、马三真人坐化之地。

购在天水

花牛苹果

店面　天水市各水果店
价格　约30元/斤

产于天水市麦积区的花牛苹果，果肉为黄白色，肉质细，致密，松脆，汁液多，风味独特，香气浓郁，口感好，品质上乘。

甘谷酥圈圈

店面　天水市各糕点店
价格　26元/袋

酥圈圈是一种点心，以精细白面为主料，用上等胡麻油配以各味香料精心制作而成，便于储存，即使在盛夏，存放月余也是仅干不馊。酥圈圈烤成出锅时，香气扑鼻，诱人垂涎。

行在兰州

如何到达

飞机

兰州中川国际机场位于兰州市兰州新区中川镇,距市中心约75千米。虽然离兰州市区较远,但有机场大巴和城际铁路连接。

火车

兰州的火车站有兰州站和兰州西站、兰州新区南站,其中兰州西站为高铁站。兰州新区南站为中卫—兰州客运专线上的一个中间站。

市内交通

公交

兰州公交运营时间夏季为6:00—21:30,冬季为6:30—21:00。

出租车

兰州出租车市区起步价为10元/3千米,超出部分加收2.1元/千米,夜间用车附加费为0.2元/千米。

地铁

兰州目前已开通地铁1号线、兰中城际铁路,地铁2号线在建。

住在兰州

兰州飞天美居时尚精品酒店
(张掖路店)

地址　兰州市城关区张掖路29号
电话　0931-8187000
价格　288元起

该酒店地处市中心繁华地段,西临商业步行街,北邻黄河之滨,南靠五泉山公园。客房设计简约时尚,卫生整洁,提供免费无线上网服务等。

兰州宏远大酒店

地址　兰州市城关区酒泉路228号
电话　0931-8425888
价格　268元起

该酒店宽敞明亮,拥有各式房间,内部环境干净整洁。酒店地理位置优越,交通便利,去往商圈、景点都比较方便。

玩在兰州

黄河中山桥

地址 兰州市城关区滨河路中段北侧
门票 免费

黄河中山桥俗称中山铁桥、中山桥，是兰州历史悠久的古桥，被称为"天下黄河第一桥"。

白塔山公园

地址 兰州市城关区白塔山1号
门票 免费

白塔山地处黄河北岸，海拔1700米，起伏绵延，层峦叠嶂，有"拱抱金城之势"，与黄河一起构成兰州的天然屏障。站在黄河南岸铁桥边的广场上北望，白塔山殿宇连绵，红檐交错，山顶白塔俨然玉雕一般，颇有在北海永安桥畔远眺琼华岛的感觉。

甘肃博物馆

地址 兰州市七里河区西津西路3号
门票 免费

甘肃博物馆一共3层，珍藏了众多珍贵的文物，分为丝绸之路文明展、甘肃佛教艺术展、甘肃彩陶厅、古生物展和红色甘肃几个主题常设展厅，其中以丝绸之路、佛教和彩陶3个主题最为精彩。著名的"马踏飞燕"铜奔马像就在此展示，它也是该馆的镇馆之宝。

购在兰州

兰州百合

店面 兰州市各大超市
价格 23.8~48元/每斤

兰州百合色泽洁白如玉，形大味甜，肉质肥厚细腻，含有丰富的蛋白质、糖类、矿物盐和果胶。

软儿梨

店面 兰州市各水果店
价格 1元/斤

软儿梨又名化心、香水，是严冬季节深受人们喜爱的梨中佳品。它清香、醇甜、冰凉、爽口。

开启天水·兰州美食之旅 >>>>>

迎宾楼

地址　天水市秦州区民主西路
　　　24号

电话　0938-82988188

清真碎面

细腻滑爽的人间美味

　　天水自古是丝绸之路的商埠重镇和兵家必争之地，它横跨长江、黄河两大流域，新欧亚大陆桥横贯全境。天水古为邽县，原乃邽戎地。公元前688年秦武公置邽县，后改上邽县。汉武帝置天水郡，元鼎三年（公元前114年）称天水郡，源于天河注水的传说。天水为华夏文明和中华民族的重要发源地，为羲皇、娲皇、轩辕故里。

　　天水传承了秦人以面食为主的饮食习惯，兼容川人和晋人的酸辣，有较高的文化品位和浓厚的民俗底蕴，其菜形纯朴、香味醇厚。清真碎面等地方风味小吃历经千年而不衰，凝结着天水人的聪明才智和创造精神。宋元之际，回族先民开始在天水这块土地上生活，秦州中城是回族聚居的地方，中老年妇女都擅长做碎面。他们觉得吃一碗碎面是嗅觉、味觉、视觉、听觉的享受。

　　面条起源于东汉，最早称为索饼、煮饼，南北朝称作水引、馎饦。宋代面条的花样逐渐增多，并形成地方风味和不同品种。明代蒋一葵《长安客话》载："索饼有蝴蝶面、水滑面、切面等数十种。"因为切的形状不同，面条又分长面、旗花

（菱形如旗）、面片（方形）等多种。天水回族的清真碎面是旗花形面条的继承和发展，更好地展示了面条的传统风味。

清真碎面又名雀舌头，是天水一道传统的家庭式美食，由碎面烹饪而成，辅料有榨菜、鸡蛋饼、虾皮等。女人们把面团擀开，擀得又薄又匀，擀好之后不立即去切，而是晾干后再将面切成1厘米左右的菱形小片，又细又匀，形状如雀舌一般，码在盘中甚为好看。做碎面的功夫全在切面上，要切得细致均匀。既不能切得太小也不能切得太大，面条太小容易煮烂成一锅糊；面条切得太大就失去了碎面的特点，吃起来没有碎面的感觉。

清真碎面的臊子非常讲究，有鸡肉、羊肉、牛肉等三种。鸡肉臊子的做法最地道。把一年以上的肥母鸡宰后收拾干净，囫囵煮熟，放花椒、八角、桂皮、小茴香、姜、葱、盐等调料，鸡肉煮到八成熟，捞出后凉凉。将鸡胸脯肉刮下，撕成长条状，切成小丁备用。剩余鸡汤不倒掉，用来烩煮臊子。臊子由鸡肉丁、白萝卜丁、蒜薹、木耳、黄花菜、菠菜、葱等材料组成，煮熟后煨在炉子边，保持汤的温度。这样的臊子汤鲜味美，肥而不腻，白、黄、绿、黑俱全，很是好看。

鸡肉臊子还要有鸡蛋码子。将鸡蛋打在碗里搅成蛋浆，倒入烧有热油的平底锅中摊煎成圆的鸡蛋皮，将煎好的鸡蛋皮切成细丝，与胡萝卜丝一起备用。

羊肉臊子、牛肉臊子和鸡肉臊子的做法差不多。把炒成半生的羊肉丁或牛肉丁放在米汤里用文火慢煮，煮出羊肉或牛肉的香味，再加切成丁的榨菜、切成丝的鸡蛋饼、虾皮和细条形的海带等，一起烩煮成香味浓郁的肉末臊子。

碎面下锅后不宜久煮，煮熟后要立刻捞出来，盛在大海碗里。面煮好之后，淋上一勺滚烫的臊子。放一撮香菜、鸡蛋码子、胡萝卜丝、海带丝等，调上醋、油泼辣子、味精、盐等调料，再滴几滴香油，配切细的小菜，色、香、味、形俱备，香气扑鼻，令人食欲大增。

市场上出售的清真碎面，最多的是羊肉臊子。吃清真碎面的时候，大多不用筷子夹，而是用汤匙来舀，吃在嘴里滑爽不黏。我在迎宾楼吃了碗地道的清真碎面，体验了它的滑爽和精细。我在天水停留的那几天是仲夏，我常在清晨或者傍晚，在路边小摊或者街边小店选择一处干净的桌椅，点上一碗地道的清真碎面。细细咀嚼着碎面，闻着那透鼻的香气，慢慢品味碎面里的配料和汤汁，那是一种莫大的享受。

迎宾楼

地址　天水市秦州区民主西路
　　　24号

电话　0938-8298188

接风洗尘的升官图

猴戴帽

　　猴戴帽是以猪肉丝或鸡肉丝为主料做成的一道菜肴，通俗的说法是肉丝凉皮或者鸡丝凉皮。它以绿豆粉皮垒堆打底，粉皮上覆盖猪肉丝或鸡肉丝，看上去像顶尖尖的帽子，天水老百姓就以猴戴帽给它命名。

　　猴戴帽的正式名叫升官图，最初是陕西朝邑县（今陕西大荔县）的地方风味菜肴。清朝年间，陕西朝邑县人阎阁志丹年轻时经历过许多坎坷，生活极其艰苦，经过10年寒窗苦读，终于在京城当上了大官。他发达后不忘本，时时挂念家乡的父老乡亲，同情百姓的疾苦。有一年，他奉命回乡省亲，看到朝邑县方圆数百里都发生了灾情，而且灾情极其严重，饥民纷纷逃往外乡乞讨，当地官员却赈灾不力。他心中非常不安，顾不上省亲，匆匆忙忙回京，向皇上禀报灾情，请求皇上赶快拨粮解救关中百万饥民于水火之中。皇上派他为钦差大臣前往关中放粮。阎阁志丹来到老家朝邑县，完成了赈灾任务，还筹建了规模庞大的朝邑丰图粮仓，长期为民造福。他的这一壮举使朝邑遭受了18年灾荒的饥民得到了赈济，都回到了自己的家园，也使当地官员免受朝廷责罚。地方官员及乡绅为了感谢他的义举和庇佑，举办筵席为他接风洗尘，并进献了朝邑的名菜猴戴帽，用了一个非常吉祥的名字——升官图，赞美他是一个好官，以此祝愿阎阁志丹官运亨通。后来，凡是新官到朝邑县上任，朝邑的老百姓和官吏都会进献升官图表示祝贺。

阎阁志丹把他老家的这道升官图带到了甘肃天水，这道菜在天水传播开来，一直传承到现在。天水的猴戴帽后来发展壮大，有热有凉，有荤有素，滑嫩鲜香，咸淡适宜，最宜天水人闲聚佐酒，更是一年四季宴席上的一道名菜。

以猪瘦肉为主料的猴戴帽，配料有酱油、绍酒、盐、味精、醋、芥末糊、湿淀粉、肉汤、芝麻酱、菜籽油、芝麻油等。将猪肉切成5厘米长、0.1厘米宽的肉丝，加绍酒、湿淀粉抓匀。将韭菜切成肉丝的一半长，芝麻酱加凉开水调匀。将绿豆粉皮切成1.5厘米宽的长条，长短与肉丝一样，加酱油、醋、芥末糊、芝麻油及调好的芝麻酱拌匀，再装盘成帽子状。将炒锅置火上，加菜籽油，旺火烧至七成热，下肉丝划散炒至颜色变白，滗去余油，烹入绍酒继续炒，再下韭菜、酱油、精盐煸炒，待香味扑鼻时，注入肉汤煮沸，加味精，翻炒出锅，盖在粉皮上，猴戴帽即成。

以鸡肉为主料的猴戴帽，调料有干辣椒、蒜蓉、生姜丝、食盐、味精、香醋、香油、红油、精炼油等。将绿豆粉皮切条装入盘中。鸡肉丝滑油后加入干辣椒、生姜丝等，中火炒熟后放入韭菜，炒出香味，放在绿豆粉皮顶部。将蒜蓉、香醋、食盐、味精、香油、红油等调料兑成味汁淋在粉皮上。鸡丝看起来色泽透亮，吃起来酸辣适口、软滑筋道。

猴戴帽的原料非常普通，做法是西北常见的凉拌，味道是西北人喜爱的酸辣味，工艺却很细致，猪肉丝或鸡肉丝长短粗细一致，粉皮宽窄相同，猪肉丝或鸡肉丝必须加在粉皮之上才是戴帽。主辅料及调味品必须按上述制作方法才是朝邑县的正宗风味。

天水迎宾楼是制作天水地方菜的代表性餐馆，是天水味道的代表，也是天水大型饭店之一。唯一的缺点是客人太多，有些拥挤。朋友在那里请我吃饭时，我吃到了当地最著名的猴戴帽，并且是鸡丝猴戴帽。那鸡丝鲜嫩味美，粉皮光滑爽口，很有嚼劲儿，芥香、酱香诱人，红油有点辣，酸爽有劲儿。我想，猴戴帽应该是夏、秋两季佐酒的美味佳肴，适合我们这种喝点小酒的人。在盛夏的夜晚，边喝点小酒，边吃这酸爽有味的猴戴帽，是一种休闲，更是一种享受。

盛祥斋

地址　天水市秦州区光明巷口
电话　13830868135

猪油盒

天水人的早餐标配

　　猪油盒是天水的传统名小吃，也是天水人的早餐标配。它是在宫廷点心猪油饽饽的基础上改造而成的。它看起来色泽艳丽，吃起来酥脆松软、滋味浓香、油而不腻、酥而不碎。有人曾说，猪油盒是天水饮食文化中不可或缺的重要元素之一，它承载着天南地北的天水人对家乡的情感和思念。地道的天水人把猪油盒叫作天水饼子或者宫廷点心。

　　清朝初年，生活在东北的满族开始大举迁徙，有一支移居到天水，满族人的猪油盒由此慢慢地在天水传播开来，经过不断改造，成为当地一道美食。

　　猪油盒的主料是上等精面粉，辅料有生猪板油、大葱嫩蕊、胡麻油、精盐等。做好一个猪油盒，从和面开始到出锅要经过十二三道工序，包括和面、醒面、加碱、揉面、揪剂子、和酥、压开剂子、抹酥、卷酥、合拢、入锅、加油、炕黄等。除去和面、醒面的四五个小时，从揉面、抹酥、卷酥开始算起，到炕黄，也需要40多分钟，可见一道美食的制作多不容易。

　　做猪油盒时先制作猪油面饼。和面是一道基础性工作，把精面粉加水和好发酵待用。取油和面以1:3的比例制酥。用生猪板油、大葱嫩蕊、胡麻油、精盐等按照一定的比例制作成油酥。把大葱剥皮取嫩蕊切成细末，将发酵好的面团加碱挤压揉制，直至有较强韧性为止，再拉成长条，抹上胡麻油，揪成面剂子。把面剂子按扁包入生油酥卷拢，再按扁包进生猪板油、大葱嫩蕊末、精盐等，捏拢收口即成圆形猪油面饼。制作油酥的猪板油尤其讲究，一定要用上好的生猪板油，千万不能贪便宜用差的生猪板油。

将做好的猪油面饼一字儿摊开。把鏊子放在大火上，鏊底抹上少许胡麻油，烧热后将饼坯放入鏊内稍烙一会儿，在鏊内再倒入适量的胡麻油，把生饼坯半煎半炸至金黄色，然后从鏊内取出饼坯放在炉中烘烤。等猪油盒烤熟，就可以出锅了。如果在和面时用酵子，选用优质上等的生猪板油，炕黄时用正宗的纯胡麻油，做出来的猪油盒味道会更加纯正可口，外形和色泽更佳。

我们今天见到和吃到的猪油盒，经历了数百年的漫长岁月，与天水当地人的生活习惯已经有机融合，逐渐成为天水人餐桌上一道不可缺少的美味，也成为天水饮食文化的一个亮点。不过，这门制作猪油盒的古老手艺却像诸多传统手工技艺般一度面临失传，所幸这已经引起当地政府部门的重视，相关部门正采取措施积极培育猪油盒的制作人。

我曾去名声响亮的盛祥斋吃过猪油盒。它是天水仅有的品牌猪油盒店，店内装修有连锁店的风格，比较时尚新颖。它的猪油盒酥软醇厚，适合当点心。顾客中游客和本地的年轻人多，中老年顾客反倒少些。

据不完全统计，在天水市区制作猪油盒的小作坊有百余家，但有自己品牌的仅盛祥斋几家。据猪油盒的工艺传承人、盛祥斋的张伟说，吃猪油盒时最好配一杯清茶，茶的清香会被猪油盒衬托得更加纯净悠长。

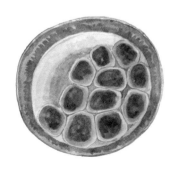

常记呱呱

地址　天水市泰州区青年南路
　　　仿古步行1号店铺
电话　15293810320

呱呱

秦州第一美食

在天水，大家把呱呱誉为"秦州第一美食"，在评论天水最具地方特色的美食时大家还是认为非呱呱莫属，这些说法引起了我探秘呱呱的兴趣。

有人给我说了一句天水土话："奥的娃，他丫丫，巷套门口卖呱呱。"这是一句标准的天水方言，只有老天水人能理解它的含义，我这个外地人则摸不着头脑。我就向天水的朋友请教，终于搞清楚了。"奥"是"我"的发音，"丫丫"是"姨姨"，"呱呱"是天水广为流行的地方特色风味小吃。我把天水土话翻译成普通话："我的娃，他姨姨，在巷子口卖呱呱。"天水人听了这句话，敏感的神经就会跳动起来。

天水的呱呱品种繁多，分荞麦呱呱、冰豆呱呱、豌豆呱呱、粉面呱呱等，最受人欢迎的是荞麦呱呱。天水的荞麦主要产在西南部汉水畔的浪马滩川道，平均海拔1600米以上。每年农历六月刚收割完小麦，农民在麦茬地上种荞麦，一场大雨过后荞麦苗齐刷刷长出来，不久盛开的荞麦花招来一群群蜜蜂，农历九月荞麦成熟。碧波荡漾的嘉陵江水孕育出最具天然本色的荞麦，为天水呱呱的制作提供绝好的食材。

相传，西汉末年，隗嚣割据天水，呱呱是皇宫里的御食。隗嚣的母亲朔宁王太后特别嗜好呱呱，每隔三日必有一食。东汉初期，隗嚣兵败刘秀，投奔西蜀的孙述，御厨逃离皇宫，隐居天水，在天水城内租一间铺面经营呱呱。呱呱就在天水流传下来。

制作呱呱时，先把荞麦磨成荞珍子，入水浸泡几个小时，取出浸泡好的荞珍子，放石磨里慢慢磨，白花花的淀粉浆液沿着石磨四壁流下。用纱布将淀粉过滤，滤出杂质和渣滓，加水小火烧煮，一边煮一边搅，直到荞麦淀粉煮得黏黏糊糊成半凝固状态。2个多小时后锅底形成一层厚厚的黄亮固体，这就是呱呱初坯。这种锅巴不能直接叫呱呱，取出装入盆内加盖回性，把锅巴抓起用手捏碎，浇上辣椒油、芝麻酱、酱油、醋、蒜等二十几种调料才是一碗真正的天水呱呱。

我在常记呱呱吃着那刚刚出锅的呱呱，觉得它是最好吃的美食。它配上辣椒油，那外表红彤彤的，香辣绵软，略带温热。天水人口中的"呱呱"就是锅巴的意思，最好吃的是离锅底最近、酥脆爽口的那层薄脆。可以说，呱呱是荞麦凉粉，只是呈现出非常粗犷的原始状态。它又像一幅色彩奔放的图画，每碗都火辣热情，激励着天水人奋勇向前。一碗呱呱蕴含着天水人岁岁年年中的生活五味，一碗呱呱品味着天水人茫茫尘世中的悲欢离合。西北人喜欢吃辣和酸的食物，天水呱呱是典型的酸辣味小吃。初食者和不吃辣椒的人，面对满碗流红的呱呱定会咋舌、冒汗，当地人却以酸辣的呱呱为早点，有些男女不可一日无此物。

天水人的日子从清晨吃一碗香辣绵软的呱呱开始。天水人对呱呱情有独钟，有卖呱呱的摊点就意味着有街市，有街市就意味着有卖呱呱的摊点。

早晨，在天水的大街小巷到处都能找到卖呱呱的小摊、小店。在秦川区，卖呱呱最有名的是常记呱呱、赵记呱呱、东团庄呱呱等店。其中常记呱呱开店已有20余年，以"香辣绵软"著称，每天有将近300人光顾，是天水市最早注册个人商标的地方风味小吃店之一，店面比较整洁，场面宽敞。在天水的星级宾馆也有改良过的呱呱，制作精细，自己取食，自己随口味调辣椒油，作为自助餐的点缀。

兰州友谊宾馆

地址　兰州市七里河区西津西
　　　路 16 号
电话　0931-2330277/2689999

百合宴
100 种菜肴开几席

　　百合又名野百合、喇叭筒、山百合、药百合、家百合等。我国是野生百合分布最广的国家。《皋兰县志》载,兰州百合系七里河区黄峪沟农民杨万贵于清咸丰八年(1858年)从陕西长武、彬县引种,清同治二年(1863年)试种成功。清光绪九年(1883年)陕甘总督谭钟林重视百合的种植,百合得以大力发展,但只供达官贵人和地方官僚向上级官员和皇室进贡,1890年开始作为蔬菜上市。

　　兰州百合色泽洁白如玉,肉质肥厚香甜,含糖量高,粗纤维少。兰州市西果园乡和魏岭乡出产的百合色白、个大、味美。每年7月中旬,百合开始成熟。刚从地里挖出来的新鲜百合白白嫩嫩的,十分可爱,老百姓用它来熬粥、凉拌、快炒、煲汤、焖蒸,或者搭配银耳、枸杞、薏仁、南瓜、绿豆等煮成糖水,做成夏季解暑的饮品。20世纪40年代,张思温路过兰州,看到满山的百合,留有《百合》诗:"陇头地厚种山田,百合收根大若拳。三载耕畲成一获,万人饮膳值新年。金盘佐酒如酥润,玉手调羹入馔鲜。寒夜围炉银烛耀,素心相对照无眠。"这首诗把兰州百合的栽培特点、上市时间和过春节食用的民俗描述得淋漓尽致。

20世纪80年代中期，烹饪大师柴学勇先生结合甘肃的风土人情，运用先进的烹调技术，开创出数十味菜点，始成一席，叫百合宴。1999年，又开创出了敦煌风情、金城塔影、百花盛开、百鸟朝凤等100多味精品百合菜点，科学组合成迎宾宴、福寿宴、婚喜宴、节庆宴等风格各异、地方特色浓郁的风味宴席。有的以百合为主料，有的以百合为辅料。蒸、煮、氽、炸、炒、煨、炖、煎、烩兼而有之，既有冷盘和热菜，又有羹汤和面点小吃，一应俱全。例如，百合鳜鱼片用的是水氽的制法，鳜鱼片和百合片用沸水氽后，颜色均呈乳白，口感爽脆或滑嫩，同中有异，体现出清淡素雅的特色。鸡丝百合羹讲究刀工，先将鸡脯肉、鲜百合、胡萝卜和水发香菇切成厚薄一致的片，再切成长短一样的丝，焯水后放入砂锅加高汤用小火炖，汤汁稠浓时便成。这道羹色泽丰腴，清香扑鼻，营养丰富，益气养身。第二届兰州百合文化旅游节期间，七里河区8家餐饮企业的30名厨师以兰州百合为主要原料制作了20道独特的百合菜肴。冷盘有玫瑰百合冻、月牙泉、黄河水车、金城白塔等，热菜有珍珠椰浆炖百合、百合印莲、玉莲藏珍、元宝鱼翅、百果争艳、翡翠百合、菠萝百合船、养生百合、百合烩鱼片等。

现在兰州有30多种中高档百合佳肴，传统的有百合粥、百合田七炖兔肉、百合鸡子黄汤、百合羊肺汤、百合地黄汤、蜂蜜蒸百合、百合饮、金菊百合、南瓜百合、清炒百合等；时尚的有百合雪莲、蜜汁百合、冬梨百合、百合蟠桃、百合雪鸡、冰糖百合、鸳鸯百合、百合牡丹、百合凤凰、百合玫瑰羹等。

我曾在兰州友谊宾馆品尝过烹饪大师兼总经理柴学勇先生制作的百合宴，无论是品相还是味道，都给我留下了深刻的印象。

景泰酸烂肉

地址　兰州市西固区福利西
　　　路 292 号

电话　15117027414

此物最解馋

酸烂肉

　　兰州的周边有很多特色的家常菜，酸烂肉算是其中之一。这是一道历史悠久的传统菜肴，每家每户的主妇都会做。酸烂肉也是当地男女老少都喜欢吃的肉食之一。

　　兰州周边的农村仍然保留了一些传统习俗。只要谁家宰猪，那家的主妇定会给家人做顿酸烂肉吃，以满足一家人想吃肉的欲望。不是逢年过节的时候，如果看到哪家人去市场上买大块猪肉回来，那一定是家里来了最亲的人，准备做酸烂肉招待他们。

　　酸烂肉以猪肉或其他家畜肉为原料，要用到醋、酱、草果、花椒、姜片、食盐等调料。一定要选择上好的、新鲜的硬肋猪肉，也就是猪身上肥肉最厚实的部位。将肉用清水洗干净，剁成大块。放在沸水里焖煮，直至猪肉烂熟，捞出来放在砧板上切成细小的薄块。将另一口锅洗干净烧热，倒入植物油烧到七成热，放切成细小块的猪肉翻炒，再加一定量的陈醋，放豌豆粉条、洋葱、青辣椒片等佐料和调料拌匀翻炒。兰州人喜欢将腌制好的酸白菜切成丝状，以增加酸烂肉的酸味。加入原肉汤，再煮两三分钟即可食用。

我在白银的特色酸烂肉店吃过酸烂肉，不管是店内还是店外，都有白银当地的民族特色和地方风情，让人看一眼就想起在白银见过的民居。按白银特色做的酸烂肉，猪肉肥而不腻，味道酸辣可口。白银本地人吃酸烂肉讲究每人独享一碗，大家的主食是糁饭，糁饭是共用的，盛在一个大碗里，放在中间。糁饭是用筷子抄着吃的，能吃多少就抄多少，少了可以再抄。所以，兰州周边的人也把吃酸烂肉叫作糁饭酸烂肉。对我来说，大碗的酸烂肉吃起来太滑爽，也有生腻的时候。我喜欢来个馍，加点辣椒油，或者添点榨菜丝到糁饭酸烂肉中，那肥肉趁热吃糯糯的。

酸烂肉选择的猪肉越肥越好，炖烂的肥肉在醋的作用下，吃起来不再有油腻感，糯软柔嫩。肥肉占70%的酸烂肉，吃起来才过瘾、才痛快、才滑爽。酸烂肉的肉已经煮得很酥很烂，肥肉入口即化，瘦肉也成丝成条，连七八十岁没牙齿的老年人和没长牙齿的小孩都可以咬得烂，因此成了老人和小孩最喜欢的菜肴之一。

如果一个村庄谁家在做酸烂肉，肉刚炖烂，肉香味就飘散开了，还没有加其他佐料端上餐桌，酸烂肉的香气就已经弥漫了整个村庄。只要闻着香味，就可以找到炖酸烂肉的人家。在过去少有肉吃的年代，只要谁家煮酸烂肉，很多又饿又馋的人便会闻着肉香味赶来，分一块酸烂肉解馋。

农村做酸烂肉没有特殊的技巧和技术，只有两个诀窍，一是把肉炖到最烂，二是加入足量的醋和佐料。所以兰州周边的农民也认为酸烂肉是最容易做的，逢年过节的时候，家家户户都会做锅酸烂肉。特别是年关，许多人家都要宰猪，没

有宰猪的家庭也会去市场购买一些猪肉回来，好让亲戚朋友来家里时能品尝到自己做的美味的酸烂肉，让他们感受到自家的富裕和慷慨。

兰州周边的人除了用猪肉做酸烂肉，还会用羊肉、牛肉、驴肉来做酸烂肉，做法大同小异，只是使用的调料不同而已。

怀忠黄家园

地址	兰州市城关区箭道巷102号
电话	13321224883

猪脏面

炎炎夏日里的一碗清凉

　　猪脏面也叫肥肠面，起源于四川双流县，于清代传到兰州，兰州人在双流肥肠面的基础上进行改良，将其与兰州拉面结合，创制了兰州肥肠面。兰州人习惯把猪的肥肠等下水称为猪脏，于是将肥肠面改名为猪脏面。

　　兰州猪脏面以猪大肠和小麦面粉为主料，以水、食盐、醋、蒜、辣椒油、葱为辅料。做猪脏面要选用新鲜的猪肥肠，去除内容物后用食盐、碱、醋水等反复搓洗，用清水冲洗干净，直至除去异味。用煮过面的汤将洗干净的肥肠煮熟至筷子可以轻轻插透，捞出凉凉，切成1厘米长的小段或2厘米长的斜片。

　　面条要按兰州拉面的要求制作，把面拉成二细，不能太细也不能太粗。将面下在沸水锅里煮熟，捞起盛在大海碗里。拿起盛好面条的碗，用大铁勺将锅里滚热的汤水舀到面碗里，再将汤水倒出来，这样冲泡三五次，直到碗的边沿发烫，才把热汤盛进碗里。浇上油汤，再加做好的肥肠段或肥肠片，调以白萝卜片和葱，泼上辣椒油和蒜泥，撒上香菜、蒜苗，佐以食盐、陈醋等，就可以吃了。

　　我第一次在箭道巷的怀忠黄家园吃兰州猪脏面时比较慎重。先吃面，那面条吃起来弹筋爽口，风味独具。再吃肥肠，软嫩醇香，肥而不腻，既有浓郁的肉香，又有肠子的焦香，咬在牙齿之间，筋道滑弹，饱含汁水。最后喝面汤，清汤很地道，简而味丰，鲜而香美，食用养身，真是色、香、味、意、形、养俱佳。

20世纪40年代，黄家园肥肠面在兰州城无人不晓。怀忠黄家园从先前黄家园十几平方米的小土房子到如今箭道巷宽敞明亮的新店铺，已经走过了几十个春秋。现在走进怀忠黄家园肥肠面馆，首先映入眼帘的是一块块牌匾，有"金城第一碗""兰州一绝""兰州正宗肥肠面""甘肃名特小吃"等荣誉，见证着这家老店的辉煌。

马怀忠是地地道道的兰州人，老家在兰州市七里河区，从19岁开始就与肥肠面打交道。马怀忠兄弟姐妹8个，靠父亲在七里河黄家园肥肠面馆打工养家，家里生活条件相当不好。因为家里没有单独的房间给新婚的两口子，马怀忠的婚姻曾遭丈母娘反对，马怀忠只得带着媳妇到兰州市闯世界。马怀忠夫妇刚到兰州时，先在秀川新村的菜市场租了一间铺面开饭馆，经营臊子面、干拌面等面食，生意不错，后来房东不愿将房子再租给他们了，他们只好离开。

1991年，马怀忠在父亲的支持下，开始挂牌经营黄家园肥肠面馆，依靠父亲洗肥肠的经验及自己的不断摸索，一开业就生意火爆。1997年，马怀忠注册了商标"怀忠黄家园肥肠面"，9年后因店铺拆迁搬至箭道巷102号，规模扩大到200平方米，楼上楼下可同时容纳90人用餐。每天早晨开门营业，一直营业到下午4点，4点以后店面歇业，店里为第二天准备食材。他们的肥肠面分级出售，一碗普通的肥肠面10元钱，精品肥肠面40元。

兰州的朋友给我介绍，到箭道巷的怀忠黄家园吃肥肠面，地道的兰州人一般是点一碗面、半斤肥肠、四碟小菜，只有这样的搭配他们才觉得合理。这种吃法让外地人有些难以接受，觉得兰州人太能吃了。如果店里没有肥肠了，兰州人会感觉这碗面失去了意义，无法激发他们的兴趣，干脆就不吃了，去别家吃其他的。

马怀忠认为，肥肠面的制作关键在于洗肠和煮肠，肥肠需要反复抻、按、搓等，要经过20多道工序。在保证肥肠内外绝对干净、无任何异味的前提下，配以特制的汤料精心烹制，切成肥肠条或者肥肠片，加上兰州筋道的拉面，泼上辣椒油、蒜泥，撒上香菜、蒜苗，香美可口的肥肠面才能出锅。

武威·张掖·酒泉

田园风情与塞上鱼米之乡的完美融合

　　武威有着沧桑的历史和深厚的文化，其饮食淳朴、独特。

　　张掖是个多民族聚居的地方，这里的食物吃起来硬实耐饥，在做法上体现了张掖人的豪爽。

　　酒泉的饮食文化有古、土、廉等特点，其小吃不仅可口，而且赏心悦目，有戈壁特色。

行住玩购样样通 >>>>>

行在武威

如何到达

火车

武威有两个火车站,分别是武威站和威武南站。武威站位于武威市凉州区迎宾路,每天有多趟列车经停该站,现为二等站。威武南站位于武威市武南镇,隶属兰州铁路局,现为一等站。

市内交通

公交

武威有数十条公交线路,运营车辆数百辆,票价1元,运营时间为7:00—20:00。

出租车

武威市出租车起步价为5元/2千米,超出2千米加收1.5元/千米。

住在武威

武威云翔国际酒店

地址　武威市凉州区祁连大道530号
电话　0935-6256666
价格　229元起

该酒店有各类房型110间,可高速光纤上网,提供中式早餐服务、免费停车。酒店环境优雅,配套完善。

武威马踏飞燕大酒店

地址　武威市凉州区海藏路118号
电话　0935-2199999
价格　163元起

该酒店设施齐全,装修典雅,拥有多种类型的客房,性价比高。

武威天马宾馆

地址　武威市凉州区天马路4号
电话　0935-2212355
价格　120元起

该宾馆坐落在市中心,与商业步行街毗邻,交通便利,拥有170套雅致的客房,设施齐全,周边配套完善。

玩在武威

武威沙漠公园

地址 武威市凉州区清源镇王庄村
门票 5元

这是一座融大漠风光、草原风情、园林特色为一体的游览胜地。这里沙丘起伏，百草丛生，有梭梭、桦木、红柳、沙米、蓬棵等沙生植物，被誉为中国"沙海第一园"。

武威文庙

地址 武威市凉州区崇文街43号
门票 30元

该景点内古建筑群保存完整，庄严雄伟，古柏参天，槐荫蔽日，被誉为"陇右学宫之冠"。全庙由3组建筑构成，东部建筑物以供奉"万世文宗"文昌帝君的文昌宫为中心，南为山门，北为崇圣祠；中部建筑物为孔庙，是供奉"万世师表"孔子的地方，以大成殿为中心，南为戟门、棂星门、状元桥及泮池，北为尊经阁；西部建筑物为凉州府儒学院。

武威雷台公园

地址 武威市凉州区雷台东路附近
门票 50元

武威雷台公园占地面积12.4万平方米，雷台保存基本完好，台上有明清时期的古建筑群雷祖殿、三星斗姆殿等10座，其建筑雄伟、规模宏大。著名的铜奔马体形十分矫健，神势若飞。

购在武威

人参果

店面 武威市各大超市
价格 5~8元/斤

人参果外形如心脏，成熟时果皮黄中带紫，果肉厚实多汁，无核，口感爽脆，淡雅清香，不酸不涩，富含多种维生素。

骆驼蹄筋

店面 武威市北关市场
价格 80元起

骆驼蹄筋俗称小熊掌，选成年腾格里沙漠金色骆驼脚掌为原料，采用传统工艺加工，晶莹剔透、净白如雪，食之滋阴润阳，是天然的滋补精品。

行在张掖

如何到达

飞机

张掖甘州机场距市中心24千米。常年通航的城市是西安、兰州、成都、广州，季节性通航的是乌鲁木齐、成都、敦煌、上海、合肥、北京。

火车

张掖有两个火车站，即张掖站、张掖西站（高铁站）。

市内交通

公交

张掖的公交车线路不多，票价为1~2元，运营时间较短，乘车时要注意首、末车时间。

出租车

张掖市内出租车起步价为5元/2千米，超出2千米加收1.5元/千米。滴滴打车出行方便。

住在张掖

张掖金鼎宾馆

地址　张掖市甘州区青年东街32号
电话　0936-8252500
价格　88元起

该宾馆距离飞机场12千米，距离火车站5千米，出行非常方便。拥有舒适温馨的各类房间，配套设施完备。

辛悦宾馆（西站店）

地址　张掖市甘州区张掖西街延伸段
　　　玉关路215号
电话　0936-8861888

价格　118元起

该宾馆整体装修风格现代，设有各类房型，提供免费上网服务，有大型停车场，可免费接站送站。

张掖喜来顺假日酒店

地址　张掖市甘州区张火公路新张掖
　　　国际贸易商城对面
电话　0936-8754666
价格　150元起

该酒店紧邻润泉湖公园，距张掖火车站只有10分钟的车程，距张掖机场30分钟车程。该酒店环境好、服务佳、价格实惠。

玩在张掖

骆驼城遗址

地址 张掖市高台县骆驼城乡永胜村
西3千米处
门票 免费

骆驼城遗址面积29.92万平方米。城垣为黄土夯筑，墙基宽6米，残高7米，分前、中、后三城。前部城垣东、西、南三面各开一门并筑有瓮城，内城南垣正中辟门并筑瓮城与外城相通。全城布局合理，是遗存较完整的汉唐故城。

丹霞地貌

地址 张掖市临泽县倪家营乡
门票 40元，景区观光车20元

张掖丹霞地貌举世罕见，是我国丹霞地貌发育最大最好、地貌造型最丰富的地区之一，更是全国丹霞地貌精品中的精品。

康乐草原

地址 张掖市肃南县康乐乡榆木庄村
门票 60元

康乐草原境内有丹霞地质风光区、马场滩草原、康隆寺、雪山探险旅游区、石窝会址等旅游景区，风光秀美，气候宜人。

购在张掖

黄参

店面 张掖市各大农贸市场
价格 100元/斤

张掖黄参生长在海拔2400~2900米的高寒黑土区，营养价值高，是滋补肝肾、益气养血、除风祛湿、通经活络、强筋壮骨、健胃治痛的养生佳品。

张掖黄酒

店面 张掖市各超市
价格 13.5~25元/斤

张掖的黄酒历史悠久，它以高粱、青稞、大麦为酒基，糯米为引料，选用当归、陈皮、红花等数十种中药，加大麦制曲，精工酿造而成。

行在酒泉

如何到达

飞机

敦煌国际机场位于酒泉市敦煌市莫高镇,通航兰州、西安、广州、上海、杭州、成都、茫崖(花土沟)等城市。

火车

酒泉客运火车站有酒泉站、酒泉南站。酒泉站位于酒泉市西洞镇,承担普速列车运行。酒泉南站位于酒泉市肃州区,为高铁站。

市内交通

公交

酒泉市有多条公交车线路,大多数公交车无人售票,票价1元。

出租车

酒泉出租车的起步价为6元/2千米,超出后加收1.4元/千米。

住在酒泉

酒泉东方国际大酒店

地址 酒泉市肃州区仓门街6号
电话 0937-2699999
价格 158元起

该酒店地处市中心,是一家集住宿、娱乐、休闲、商务于一体的酒店,有总统套房、豪华套房、豪华标准间等,并且设有专业的水疗、KTV等项目。

酒泉民政宾馆

地址 酒泉市肃州区肃园街2号温州大厦东40米
电话 0937-5918000
价格 143元起

该宾馆地理位置优越,毗邻大型超市华润万家、西关车站、大明商业步行街、鑫利商城等。宾馆内部装修典雅,并设免费停车场。

玩在酒泉

莫高窟

地址 酒泉市敦煌市东南25千米处
门票 内宾140元，外宾160元（含20元外语讲解费）

莫高窟开凿在鸣沙山东麓断崖上，俗称千佛洞。唐时莫高窟有千余洞窟，现存历代营建的洞窟共735个，包括魏窟、隋窟、唐窟、五代窟、宋窟、元窟等。

敦煌雅丹国家地质公园

地址 酒泉市敦煌市西北约180千米处
门票 50元

该景区有由风蚀作用形成的雅丹地貌景观，集中连片地分布着各种各样造型奇特的风蚀地貌，例如蒙古包、骆驼、石鸟、石人、石佛、石马等，千姿百态，惟妙惟肖。

购在酒泉

锁阳

店面 酒泉市各大农贸市场
价格 48元/斤

锁阳又名不老药，是名贵中药材之一，属野生肉质寄生物。其味甘甜温润，有补肾、壮阳、益精、润燥、强筋、通便之功效。

夜光杯

店面 酒泉市各超市
价格 30元/对

夜光杯的纹饰乃天然形成，其墨黑如漆、碧绿似翠、白如羊脂，具有耐高温、抗低温的优点。

马奶酒

店面 酒泉市阿克塞哈萨克族自治县各农贸市场
价格 30元/斤

马奶酒由马奶经过加工发酵制成，有一种浓烈、醇厚的香味。它是游牧民族用来招待远方客人最好的礼物，是游牧民族最上等的饮料。

开启武威·张掖·酒泉

美食之旅

老孙三套车

地址 武威市凉州区祁连大道
666号北关市场
电话 15293531688

凉州三套车

行面腊肉茯茶缺一不可

　　武威古称凉州，是河西走廊、丝绸之路上一个重要的城镇，是不知多少边塞诗里提及的地方，也是不知多少人牵肠挂肚又梦想去游览的地方。凉州三套车又叫凉州小吃三套车，由凉州行面、腊肉、红枣茯茶三种小吃组成，在河西走廊闻名遐迩。它经济实惠、风味独特，不仅本地人爱吃，到武威的游客也必吃。凉州人也把凉州小吃三套车称为凉州快餐。

　　据说当年左宗棠去新疆平叛时途经凉州，因连日征战车马劳顿人困马乏，有位神厨用祖传秘方烹制了一种卤肉，用祁连山的18味药材做成一种茶，配凉州民间盛行的行面献给左宗棠，左宗棠食后大喜，曰："此乃我军三套车也，缺一不可。"随后，左宗棠用这三样食物犒劳三军，士气大振，百战不殆。此后三套车在凉州等地广为流传。

　　凉州行面又称凉州饧面，制作工艺复杂。用河西走廊小麦磨制的精面粉，兑蓬灰加盐掺少量清油和成硬面团，反复揉搓到表面光滑不粘手，再将面切成条形状，按扁至裤带宽、六七寸长，码在盘里抹上胡麻油。面醒三四个小时，根据食客的需要拉成或细或粗或宽的面条。拉面时双手扯住裤带面两头，甩开肩膀，劈手凌空一弹，边甩边扯，面在空中上下翻飞，拉长了折二、折四再拉，拉成长可过米、又细又匀的面条，摘除两头飞进热气腾腾的锅里。将面在沸水里煮好，放凉水里激两遍，让它完全凉透，用清油拌两遍，挑起来面条筋道有弹性，落在碗里松松散散，滑溜而不粘在一起，黄澄澄的，似一碗金丝。浇一勺醋卤。醋卤分荤卤和素卤两种，荤卤由肘子肉片、蘑菇、黄花、蒜薹、芫荽、洋芋粉、葱花、芡粉汁制成，素卤由蘑菇、黄花、蒜薹、芫荽、洋芋粉、葱花、芡粉汁制成，食客可以按自己的喜好选择。配上熟胡萝卜丝、芹菜丝或菠菜，调蒜泥、油泼辣子，一碗香喷喷、筋道滑溜的凉州行面就做好了。

腊肉即卤肉，由新鲜猪肉加传统腊汁及炖肉调料烹饪而成。将新鲜猪肉清洗干净，用沸水煮20分钟以去除腥味，捞出洗掉肉表面的血沫并放老卤汁锅里煮熟。煮出的卤肉色泽金黄，熟而不烂，肥而不腻，香而不冲，香嫩可口，回味无穷。将卤肉切薄片放在盘中摆开，根据食客的人数和食量决定上一盘还是多盘，佐以青辣椒丝、蒜苗丝、葱丝。卤肉的醋和辣椒由食客根据自己的喜好自行调配。

红枣茯茶由茯砖茶、冰糖、烤焦红枣、宁夏枸杞、核桃仁、桂圆、杏干、葡萄干等熬制，武威人叫它土咖啡。它讲究用料和火候，根据祖传秘方熬制，熬成后呈晶莹透亮的酒红色或咖啡色。老字号的茯茶师傅从不轻易把秘方传授给别人。将熬好的茶水注入杯中，瞬间化开杯里的白糖，色泽浓艳，茶香味和焦枣味扑鼻而来。喝一口香甜宜人，喉咙生津，既解油腻，又助消化。

在武威吃凉州三套车要去北关市场，那里的味道才正宗。北关市场没有一家店铺专门经营凉州三套车的三样小吃，也没有一家店铺经营其中的两样，而是一家店铺只经营其中的一样，卖面的、卖肉的、卖茶的都是分开的。武威人熟悉谁家的肉好、谁家的面好、谁家的茶好，去每家店点好以后聚在一起吃；外地游客不熟悉每家店的特色，进一家店坐下说要三套车，其他两样由店家做主到其他两家拼凑。

一碗行面、一盘卤肉、一杯红枣茯茶合在一起，使我产生强烈的食欲，只想美美地饱餐一顿。

天裕丰白牦牛火锅

地址　武威市凉州区万嘉汇台
　　　湾士林不夜城三楼向西
电话　0935-2481888

白牦牛肉

肉质鲜嫩为牛肉之冠

　　白牦牛是牦牛亚属的一个白变种，生长在天祝藏族自治县境内海拔3000多米的严寒地区。白牦牛为天祝独有，属于我国珍贵地方类畜群和我国稀有珍贵遗传资源，被列入《甘肃省家畜品种志》《中国畜禽品种志》，被原农业部列为全国78个重点保护品种之一，被誉为"高原之舟"，享有"雪牡丹""白珍珠"的美誉，又名天祝白牦牛。黄锡京有称赞它的诗："雍容华贵着长裘，乐在高原享自由。最喜春光芳草绿，牧歌远荡白云悠。"

　　天祝又名华锐，意为"英雄的部落"，地处青藏、内蒙古、黄土三大高原交会地带，河西走廊东端。有首歌《美丽的草原我的家》云："骏马好似彩云朵，牛羊好似珍珠撒。"描述的就是天祝白牦牛。

　　我吃到的天祝白牦牛肉，肉质鲜嫩、味美郁香，细嫩多汁，野味醇厚，适口性好。按科学的说法，白牦牛肉营养丰富，保鲜期长，肉纤维细，蛋白质、钙、磷含量高，胆固醇低，可祛风除湿、补钙、强筋健体、增加人体抵抗力、增强细胞和器官功能，被誉为"牛肉之冠"。白牦牛肉可分割成大腿肉、腱子肉、背脊肉、肋条肉、精牛排、黄瓜条、辣椒肉、牛柳、西冷、四分体等。可以用煮、炒、煎、卤等多种方法烹饪，风干的生牛肉可以直接食用。用白牦牛肉加工的熟食有香酱牛肉、香酱熏牛肉、牛三珍、牛蹄、牛肚等。

白牦牛奶做的奶制品包括全奶、鲜奶、酥油、曲拉等。全奶是刚挤下来的纯奶，不经煮沸消毒可以立即饮用，味道香甜。煮沸的全奶，不加糖就有浓厚的甜味。把鲜牛奶煮沸冷却，会形成一层黄黄的油皮，俗称奶皮子，可用来打酥油、拌糌粑、烙乳饼。酥油主要用来制作酥油糌粑、酥油茶、油茶、煎、炒、油炸各种饼类、蔬菜、点心、糖果等。曲拉是将取过油的白牦牛奶煮沸而成的奶酪，可用来做藏式点心、拌糌粑、下饭等。

将鲜白牦牛肉切割成块，不用任何调料和盐，放进大锅里加清水煮，煮沸片刻，即可捞出切片食用。风干白牦牛肉的食用方法很多，可以生食，用藏刀把它削成薄片，边削边吃；也可以用手顺着纤维撕扯成块或条食用。天祝人生食风干白牦牛肉时习惯辅以奶茶或将它当作零食。风干白牦牛肉的熟食方法有两种，一种是熏烤和煨烧，取一段风干白牦牛肉埋于牛粪灶的燃灰里或置于灶上用余火烤，有香味后取出，抹去尘灰用刀割食。另一种是煮食，用水把风干白牦牛肉浸泡一段时间，置锅里加水煮熟，取出切割后食用。

白牦牛肉还可以做成腌熏牛肉。将鲜白牦牛肉切成细条，拌上食盐，放容器内腌一两天，取出来悬挂在帐篷里的炉灶上方，任其烟熏几天，再悬挂在帐篷外风干，取下煮熟即可食用。白牦牛的内脏大部分可以作为食材，其中的心脏、胃、小肠、大肠、肝、肾等均可以食用。小肠可以用来制作灌肠，瘤胃可以用作酥油的包装，瓣胃可作毛肚火锅的食材。白牦牛肉灌肠用洗净的白牦牛小肠灌以鲜牛肉或牛血而成，一种是血肠，以白牦牛血为主，放少量油、肺、瘦肉，佐以调料和葱、蒜后灌肠煮熟；一种是面肠，肠内装拌以油和调料的面粉煮熟。

在天祝和武威，随时可以吃到新鲜的白牦牛肉和风干的白牦牛肉及腌熏白牦牛肉。如果想吃白牦牛奶和白牦牛内脏，需要找对餐馆和时间，因为其供应的时间和分量是有限的。天裕丰白牦牛火锅店的白牦牛肉和内脏都不错，特别是牛杂，我很喜欢它的脆爽，有嚼劲儿。

富味来劲道饸饹面

地址　武威市凉州区天马路农
　　　垦十字东南角 665 号

电话　19993567618

饸饹

农村酒席王人情

　　饸饹也叫河漏、禾洛、禾响，地道的叫法是饸饹。它是用豌豆面、莜麦面、荞麦面、高粱面、玉米面、红薯面、杂豆面等和成硬面团，用饸饹床子把面团从圆眼压出来形成的小圆形面条。它比面条更粗、更坚、更硬，食用方式与面条差不多，美味可口，香气扑鼻，吃着筋滑利口。

　　饸饹传统的做法是用木头床子架在锅台上，漏斗状的圆孔对着锅里，把和好的硬面团塞进带眼的空腔，人坐在饸饹床子的长木柄上使劲压，把圆条状饸饹面条直接压入烧沸的锅里，即"锅开压、锅开打"。

　　压饸饹面最叫绝的是全村、全巷或单位数一数二的年轻壮汉，压饸饹面时高高地正襟危坐在饸饹床子的长柄上，那一上一下压饸饹的架势十分潇洒。他全然不顾锅里滚烫蒸腾的水，装一窝子面团压一锅饸饹面，装一窝子面团压一锅饸饹面，那细细、白白的圆面条从孔里冒出来，丝丝不粘、线线不断地掉进沸腾的锅里，任锅里的开水烹煮，站在灶边的媳妇或姑娘们用笊篱捞、筛子盛，把煮熟的饸饹面捞出来。另外一个锅里水已经烧滚，饸饹面重新下锅，继续煮。妇女们一边用筷子搅一边加冷水降温,待锅里的水翻滚过两次,饸饹面煮熟,就可以捞出来盛在碗里了。再浇上用豆腐、猪肉、胡萝卜、白萝卜等做的肉末臊子,就是一碗地道的武威饸饹面。

在武威民间还流行着一个与饸饹有关的凄美故事。商纣王听闻苏护之女苏妲己相貌奇美、德才俱佳,就下诏要纳苏妲己为妃。苏护安排妲己的兄嫂护送她前往朝歌入宫,途经武威下榻驿馆。其嫂颇通玄术,知妖魔有害妲己之举,便下厨做碗祛邪镇灾的面给妲己送去,正好看到九尾狐在吸取妲己的元神,其嫂法力有限,眼睁睁看九尾狐与妲己合为一体,惊恐得说不出话来。九尾狐问嫂嫂端的面食叫何名字,其嫂痛心疾首道:"活啦!活啦!"以后就有了饸饹面。

在武威的民间,婚嫁头天的饸饹是非吃不可的,可以感受那红火的场面和热闹的人流,体会亲戚之间交往不凡、关系贴近、人情厚道的亲情,了解饸饹面折射出来的老风俗、新习惯、吃文化、吃文明。武威人认为饸饹能代表热闹红火的人情、人缘、人气、人脉,它丝丝不绝、越压越长、连绵不断,连向山外、连向四海,是人与人之间的通联。

酒席上的饸饹面都是事先压好了的,在席面开始之后,主厨把饸饹面放到配好调料的汤锅里一热,再浇上香味浓郁的羊肉臊子,由媳妇们一碗一碗往外传。这顿饭开始之后就不分点不分顿,只要来客就可以吃,做事的饿了便吃,大家做着、吃着、吆喝着、品评着,这就是饸饹面的热闹之处,民间谓之"流水饭"。饸饹面流的时间越长,吃的人越多,说明主人家的人缘越好,人气越旺。交往广、门户大的人家办一次婚嫁宴席,仅头一天的饸饹面就要用掉6袋以上的面粉,共300多斤,可以达1200碗,那热闹的场面和阵势可见一斑。

我在富味来劲道饸饹面店吃过羊肉汤饸饹面,我感觉饸饹面与羊肉汤的搭配真是珠联璧合,那口味一改乡土气息,颇具高档宴席的风范,最能体现饸饹面和羊肉的独特风味,故有"荞面饸饹羊腥汤"之说。羊肉汤饸饹面为武威最地道的风味面食之一,吃起来条细筋韧,挑起来不断条,清香利口、肉香弥漫。

饸饹面冬可热吃、夏可凉吃,还有健胃消暑的功效;尤其是在寒冷的冬天,吃一碗饸饹面,全身就会暖乎乎的。如果就着大蒜和油泼辣子吃饸饹面,保准你吃得通身冒汗,全身舒舒坦坦。

邵记流泉面筋馆

地址　张掖市甘州区北环路
　　　243号附近

电话　15593613155

粉皮面筋

农忙时节待客的最佳美味

早餐吃粉皮面筋是张掖人的传统习惯，有的人家早上派个代表拿着大盆子去早餐店，用两碗的钱可以舀两碗半甚至三碗的量来满足一家人的需求。逢年过节或喜庆之时，粉皮面筋更是张掖人不可缺少的食物。在产妇坐月子的时候，她的娘家还要给她赠送一篮子粉皮面筋作为礼物，预示着新生儿带来的粮食。

粉皮面筋曾经是张掖农民在农忙时节用来招待客人的一种方便快捷的食品。在秋收之后的农闲时节，张掖的农家妇女将粉皮面筋做好，晒干储藏起来，以备不时之需。

农忙时节家里有重要亲戚或客人来了，家庭主妇来不及擀面或做美味佳肴，就抓几把粉皮面筋放进开水锅里稍微煮一会儿，将烧热的清油泼在葱花或洋胡花上，调进煮粉皮面筋的锅里，香喷喷的粉皮面筋就做好了，一股浓烈的香味弥漫整个房间，刺激着人的嗅觉和食欲。这样做成的粉皮面筋叫清汤面筋，也叫喷面筋。将煮粉皮面筋的汤汁由清水改为肉汤，这样煮出来的粉皮面筋叫作糊汤面筋。

粉皮面筋的制作必须经过煮肉汤、洗面筋、涮粉皮、烫包菜等程序。牛肉汤是粉皮面筋的基本原料，用牛肉和牛骨头一起熬煮，将煮好的牛肉切成薄片备用。

洗面筋要经过洗、发酵、烙饼3道工序。洗，即将上好的小麦面粉和成面团后放进盆里的温水中反复搅拌、揉洗，把面粉洗成筋和粉两部分，筋沉在盆底呈胶状，粉溶于水中呈牛奶状。发酵，即将盆底的筋捞上来兑面粉加酵母发酵。烙饼，即把发酵好的筋兑碱烙成5厘米厚的面筋饼，切成块或长条，用簸箕、筛筐等工具晒干，然后捆把保存。

涮粉皮是将大豆粉与水按照比例搅成粉汤，舀进铁皮盒子里加热，粉汤凝结后将盒子迅速沉入开水中，粉汤坯马上脱离铁皮盒子。几分钟后，将成熟的粉皮取出来放在冷水中，然后拿出切成薄长条状，一条一条晾晒在房顶的马莲草上，两三天后收起捆把保存。

烫包菜要经过切、烫、漂3道工序。将包菜洗净切成片或条，在开水中烫九成熟，在凉水中浸泡半小时左右，连续漂洗3次，去掉包菜中原有的怪味、苦味等。整个制作过程很复杂、很费力，是一种重体力劳动。

现在，晒粉皮面筋在张掖农村依然很流行。张掖最著名的粉皮面筋是马面筋、邵记面筋，店家每天清晨挑着一担粉皮面筋走街串巷或摆摊设点销售，不出2小时就可以销售完毕。

我在邵记流泉面筋店吃到的粉皮面筋，肉、菜、面筋搭配合理，粉皮与面筋几乎相等，看上去朴实无华，吃起来却很不一般。那面筋醇香柔韧，清爽柔滑，散发着浓浓的小麦醇香味；粉皮色泽晶润剔透，口感顺滑爽脆；碧绿香脆的包菜调和在稠滑的汤里，散发着蔬菜的清香，诱人食欲。吃不饱或不过瘾还可以免费加一碗汤。

孙记炒炮

地址	张掖市甘州区西大街113号
电话	0936-8211608

炮仗子

舒畅到流汗的『鞭炮』

　　丝绸之路的河西走廊一带的百姓都喜欢吃面食，并且有各种各样的新奇吃法。如果把这些面食归类分组，可以写成一部蔚为壮观的面食谱，让全国人民为之惊叹。

　　内陆河黑河从张掖流过。张掖在历史上农业特别发达，小麦和玉米等农作物品质优良，口味绝佳，孕育了丰富的饮食文化。在张掖，比较新奇的面食是炮仗子，它因拥有鞭炮的形状而得名。人们端着海碗，一筷子辣子一口老醋，另加两瓣紫皮生蒜，或坐或蹲在门前台阶上哧溜哧溜地吃着，不多久就是一身的热汗，吃得舒畅痛快。

　　炮仗子是面食。制作时先把面粉和成很硬的面团，再把它揉得很滑。要比一般的面条多揉几道，才能把面团表面揉光滑，揉出面条的韧性和弹性，面团才会变得很硬很挺。面团揉好之后，还要醒10多分钟。把面团揪成剂子，拉成筷子粗细的圆形面条，掐成小段，看上去像没有裹彩衣的白色小炮仗。

　　炮仗子的吃法多种多样，可以凉拌、炒炮仗子，也可以做成炮仗子汤饭等。

凉拌炮仗子是将掐成段的面条放进沸水锅里煮,等炮仗子全部从锅底浮起来,有七分熟色,便捞出盛在碗里,用凉水过一下,等炮仗子完全冷却,再拌豆芽、小白菜等蔬菜。将切为小粒的豆腐用卤汤炒熟,与炮仗子拌匀即可食用。

炒炮仗子是张掖民间和街头餐馆的传统做法。先将炮仗子煮到八成熟,从锅里捞出来,倒进放油的炒锅里,放入肉丝、蒜薹段、葱丝、葫芦片等食材一起翻炒,再加各种调味品。这种爆炒出来的面食称干拌炮、炒拌炮、炒炮等。

炮仗子汤饭多用生汆法制作。先将炮仗子煮熟备用。另起锅添凉水后,放入鲜羊肉、辣椒、熟清油、味精、青菜、西红柿等,将煮熟的炮仗子放锅里滚几滚,放葱、蒜、姜、花椒面、胡椒面、酱油、醋、盐等调味品,即成了炮仗子汤饭。炮仗子汤饭吃到嘴里有放炮仗的味道和感觉,吃着火辣辣的,越吃越想吃,又不敢大口大口地吃。

张掖有句俗话:"东拉西炮,穆斯林的老腰。""东拉"指东街拉面,"西炮"指西街孙记炒炮,"老腰"指张掖腰面包子。孙记炒炮店面挺大,有近40年的历史,挂着醒目的红色招牌。孙记炒炮经孙家两代人的精心经营,形成了独特的风味和特色。走进店门上二楼,桌上放着大水壶,食客可以倒碗面汤边喝边等炮仗子。

孙记炒炮不是清真饭馆。炮仗子煮熟后,将小粒的豆腐用卤汤炒熟,与煮熟的炮仗子炒匀,用大海碗盛着,覆盖一层卤肉,即成地道的孙记炒炮。孙记最独特也比别家有优势的是有卤肉和卤骨头。孙记的卤肉制作繁杂,将上好的猪肉洗净切成拳头大小的块,加调味品、中药材等作料,用老卤汤文火慢炖几个小时。卤肉煮熟后,凉凉切片用卤汤相伴,卤肉肥而不腻、香气四溢。孙记卤骨头的做法与卤肉接近,精选脊骨和排骨,洗净与卤肉同煮,煮熟之后,把脊骨、排骨捞出来滴干汤汁备用,食用的时候加热即可。

在孙记炒炮吃炮仗子的时候,我们可以感受到它的面柔软筋道、光滑顺溜,回味悠长。

董记风味牛肉小饭

地址　张掖市甘州区南大街与
　　　民主西街交叉口南行40
　　　米路西
电话　13150148081

牛肉小饭

用面粉做成的米饭

张掖的饮食文化源远流长，面食品种繁多，不胜枚举，其中最具代表性的有牛肉小饭。

有人说，牛肉小饭是张掖唯一拥有完整知识产权的风味小吃。很多人都认为它名不见经传，但是大江南北却独此一家。长期以来，牛肉小饭都"隐居"在张掖老城的偏僻小巷里，它不高声喧哗、不怨天尤人，默默地满足老年食客的需求。张掖的老年人，小时候家庭经济不富裕，牛肉小饭就算是美味饭食了。他们认为牛肉小饭是个好东西，喜欢它的醇厚、地道、实在，长期食用、仔细品味才能知道它的好处。

牛肉小饭因为面丁小、肉块小、豆腐小、菜丁小而得名。值得说明的是，小饭中的饭并不是指大米，而是指面块。选上好的河西面粉和成面团，擀成铜钱厚薄又均匀的面皮，压成条面，手工切成饭粒大小的面丁，覆盖上柔软的细布晾1小时。将面粒放大锅里滚水煮熟，捞出来用凉水泡透，看上去宛如饭粒，粒粒分明，晶莹剔透，十分诱人。选取新鲜黄牛肉，切成小块状卤煮。把当地特产红豆煮熟，下在面块里，调节颜色。汤为鸡汤或牛骨汤，加胡椒粉、姜粉调味，配肥瘦搭配的黄牛肉片、粉条、豆腐片。当地粉条浸泡后晶莹剔透，品相特好，口感润滑有嚼头。汤汁醇厚浓香，热乎乎地浇在饭上。最后撒上些香菜、葱花，余味悠长，浓郁的胡椒味特别诱人。

在餐馆销售的牛肉小饭一般是先做成半成品。餐馆门口放口大锅，锅里冒着热气，舀面的师傅坐在大锅后面的高凳子上，将煮好的小饭浇上汤卤，加牛肉、香菜、蒜苗等。买好饭票的食客依次到锅边排队取饭，自己端到座位上吃。

舀面师傅要记忆力好，头脑清晰，记清食客的前后顺序和他们的需求，有的不要蒜苗，有的不要香菜，有的要汤少点，有的要汤多点，有的要豆腐多些，有的要粉皮少些等。舀汤时要记着，稍微不注意就错了。舀汤很讲究，几勺面几勺汤刚好一碗，动作要有节奏，要娴熟，右手拿大勺，左手端海碗，张弛有度，速度快而稳，保证碗递到食客手里时汤不洒出来。出饭的速度要快，否则就会排起长长的队，让食客有怨气。锅里的面和汤快见底的时候，舀面师傅大喝一声："面来！""汤来！"随即汤和面端上来，倒入大锅，出饭的工作不中断。

一碗热气腾腾的牛肉小饭被端上餐桌，我看着上面漂着香菜、豆腐、面丁，清香扑鼻，牛肉挺多，忍不住要吃。牛肉入口嫩滑爽口，面丁爽滑无比，口感特别好，还有嚼头。只听见周边餐桌上吸吸溜溜的进食声，他们吃得旁若无人，让我也不在乎餐桌的礼仪和规矩，吃得山响，大汗淋漓。有人说，这种吃得热火朝天的场面正是对牛肉小饭的最好赞美、对制作者的最高褒奖，由此可见张掖人清亮鲜明的审美、纯朴执着的性情、豪放热情的气概。

有人把牛肉小饭的吃法进行了总结：一是老张掖人的吃法，他们往店门口一蹲，呼噜呼噜就吃完半碗，再加勺汤，三口两口就吃完了。二是张掖年轻人的吃法，他们喜欢辣子多、面多、粉皮子多、肉多。三是张掖女汉子的吃法，她们喜欢加肉加蛋，要大碗加瓣蒜。四是张掖重口味人的吃法，他们要放8勺辣子，倒很多醋。五是张掖醉汉的吃法，他们要汤多辣子少面少，还不要肉，主要是喝汤醒酒。六是外地游客的吃法，只知道点张掖牛肉小饭，没有具体要求。

有人戏说，在张掖，喜欢吃牛肉小饭的男人体格健壮、性情豪爽；喜欢吃牛肉小饭的女人有气质、青春鲜活，透着一股靓活劲。

我在张掖南城巷的董记风味牛肉小饭吃过牛肉小饭，觉得非常棒，值得外地人探访和尝食。

酒泉宾馆

地址　酒泉市肃州区解放路33号
电话　0937-2618000

打发灶神爷的干粮

灶干粮子

　　在西北大地上，人们对灶神爷非常尊敬，尤其是在酒泉地区。每年腊月二十三是酒泉人祭祀灶神爷的日子。在祭祀了灶神爷之后，他们还要为灶神爷准备手指厚、圆若小碗口的干粮，即灶干粮子，好打发灶神爷早点上路，让他在路上有食物充饥。

　　灶干粮子是酒泉地区一种家庭做的发面饼，掰开来里面隐隐地有许多层。灶干粮子比其他种类的馍馍要干硬些，方便出门携带和较长时间保存，看着养眼，吃着香。

　　灶干粮子也是走亲戚的最佳礼品，在过去，即使是穷人家也会用上好的纯白面制作灶干粮子。做灶干粮子时，在和成面团之后，边揉面边加干面粉，这样灶干粮子才会在烙熟以后显示出很多层。烙好的灶干粮子又干又酥又筋道，拿着掉皮，吃起来掉渣。有些讲究味道的人家，还会在表面或者面粉里加小茴香、花椒叶、黑白芝麻等，烙熟出锅时点上红色小梅花。

　　能吃顿白面馍馍曾经是人们最大的愿望，而灶干粮子也曾是酒泉地区孩子们最奢侈的食品之一。常常是母亲烙灶干粮子，在厨房的灶台前祭祀灶神爷。母亲把灶干粮子放在锅盖上，家里有几口人就要献几个，因为灶神爷要点人头。献好灶书、灶糖、灶马、灶干粮子等供品，接着敬香，把旧的灶神爷像揭下来烧掉，在灶两边贴上写着"上天言好事，回宫降吉祥"或"二十三日去，初一五更回"的对联，让灶神爷带上灶干粮子上天。人们希望灶神爷在玉皇大帝面前美言几句，以换得一家人的平安和来年的风调雨顺，这叫送灶或者辞灶。

大年三十下午，母亲贴上新的灶神爷像。除夕夜人们要熬年等待灶神爷搬粮回来。时至五更，灶神爷回来时各家鞭炮齐鸣，称为接灶神爷。大年初一，第一件事是给灶神爷敬香，算是把灶神爷请回来。祭祀过后才可以扫舍、蒸馍、割年肉、做臊子、做豆腐、蒸年糕、挂年画、贴窗花、贴对子、请先人，做那些迎接新年的准备。还要给年满12岁的男孩赎身，俗称打枷，即男孩的成人礼。男孩12岁前多病，就由长辈在灶神爷跟前许个愿：保佑孩子平平安安到12岁。从赎身那年起用红布缝个项圈，每年大年三十在这个项圈上续缝。家里杀年猪时要请经师念经，男孩戴着项圈在经师引导下给灶神爷烧纸、钻洞，总共要经历12次，最后把项圈剪断扔在河里让流水冲走，就算是给灶神爷还愿了。

腊月二十三，对酒泉人来说，除了是一个祭灶神爷的好日子，也是舅舅给外甥送灶干粮子的日子。如果舅舅家比较远，给外甥的灶干粮子就留在年后拜年临别时送。在外地工作的人，回老家过完年临走的前一天，姥姥家要泡好酵头和一大盆面，揣在热炕上发好，把面放在案板上反反复复揉匀成拳头大小的面剂子，抹上菜油、芝麻，擀成面饼子，用干净的木梳按上花纹，放大锅里慢慢地烙熟。烧火用麦草，只要小火，每次只用一点点麦秸，不停地塞到灶眼里，翻来覆去，将饼子烙得焦黄焦黄。

我与妻子去酒泉玩时住在酒泉宾馆，正好赶上腊月二十三，没有赶回敦煌。晚餐的时候，酒店送我们一份灶干粮子，那是我第一次见到灶干粮子。它雪白中透着点点火色，麦香

中掺着茴香、椒香。服务员告诉我，这是刚出锅的灶干粮子，香气四溢，朵朵桃红的花瓣点成一圈，要趁热吃。

现在的酒泉农村依然保留着这个习俗，吃过晚饭后，家里的灶上不再用火了，家庭主妇必须洗脸、洗手、净口，换身干净衣服，拿出早已准备好的灶干粮子、糖果、花生、清水、料豆、秣草等供品献到灶神爷像前。先焚香，再虔诚地跪在神像前磕头，默默祷告："灶神爷，吃干粮，吃饱喝足上天堂。"女人在每个饼的中心掐一小块放在盘子里。这样念多遍，才站起来，默默地等灶神爷吃干粮，过一阵才端走，把这些干粮分给孩子们。孩子们一手拿一个灶干粮子狼吞虎咽起来。

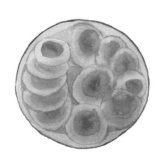

酒泉航天饭店

地址　酒泉市肃州区仓门街42号

电话　0937-5983688

化腐朽为神奇

羊肉脂裹、炕羊肠

酒泉人的节日食物有很多讲究。酒泉及河西走廊这一带的少数民族——裕固族有吃羊肉脂裹、脂裹干和炕羊肠的习惯。他们用羊肠或者板油包裹着羊肉馅儿及加入的其他佐料。

裕固族的羊肉脂裹分板油脂裹、肠脂裹两种。

先说板油脂裹。在宰羊开膛时，把蒙在羊肚子表层的油皮完整地撕下来备用。将肥瘦相间的羊肉剁碎成肉馅儿，加葱、蒜、姜、花椒面等作料，搅拌成有味道的肉馅儿。把整块取下的油皮放在面板上拉开铺平，把剁好的肉馅儿均匀地摆在油皮上，放成长条状，再卷起油皮的一边，包裹两圈，切除多余的油皮，用麻线或棉线将油皮的两头扎紧，中间斜绕几道麻线或棉线，把它捆好，不让它散开。剩余的肉馅儿和油皮如法制作，直到全部包裹完。等肉馅儿和油皮全部卷完捆好，盘成圆圈摆放在笼屉上，或放在锅里的隔碟上隔水蒸熟，也可在开水里煮熟。蒸熟的板油脂裹变硬后不会散开，可以把缠裹的麻线或棉线取掉。将板油脂裹切成段，盛在盘子里就可以端上餐桌，蘸上醋蒜汁吃别有一番风味。也可捞出来稍凉片刻直接食用。捞出来的板油脂裹完全晾凉后就成了干的板油脂裹，可以保存很长一段时间，裕固族称其板油脂裹干。将它切成薄片，放在锅里煎热吃，香味更加浓郁和悠长。

再来说肠脂裹。用干净的盆子装少许水加食盐，接新宰绵羊的鲜血，让它凝固成为血块。在宰绵羊后，取出内脏，把羊肠子翻转过来清洗干净，将羊的下水——羊肝、羊肺、羊心脏、羊血和羊肉等一起剁碎成肉馅儿，加姜粉、花椒面、葱、蒜等作料和炒面搅拌成糊状装入羊肠，把肠子两头扎紧，中间按一定长度用绳均匀扎好，放开水锅里煮熟或者用油煎熟。煮之前在肠壁上用针扎些针眼，以便煮的时候肠里的气体排出，以免气体膨胀导致羊肠崩裂，而且可让肉馅儿紧凑，并饱含汁水。煮熟的肠脂裹捞出来凉凉晾干，就成了干肠脂裹，裕固族叫它肠脂裹干，它与板油脂裹干合称为脂裹干。肠脂裹的吃法与板油脂裹一样。

炕羊肠则以肠脂裹干为基础，只是肉馅儿里的羊肝、羊肺、羊心脏、羊肉等的比例要少些，羊血所占的比例要多一些，特别是小吃摊上的肠脂裹干，主要是羊血，羊肝、羊肺、羊心脏、羊肉等只是带个味。将蒸熟或者煮熟的肠脂裹干切成1厘米厚的斜片，放入油鏊中炕炙，便成了炕羊肠。我第一次吃炕羊肠，是在酒泉航天饭店，当时一位在酒泉航天发射中心工作的同乡请我吃饭。他跟我说，吃炕羊肠必须现炕现吃，只有趁热吃味道才最佳，香味才更醇，羊油才不会糊嘴巴。我试了试，确实如他所言。

肉肠、肠脂裹、炕羊肠、板油脂裹及板油脂裹干、肠脂裹干等，都是河西走廊一带裕固族的肉肠类美食，做法不同，所以名字不同。

金昌饭店

地址　酒泉市敦煌市金昌县新华
　　　路84号
电话　0935-8368888

垫卷子

因保护沙漠绿洲而演变的羔羊面卷

　　垫卷子是河西走廊的特色小吃，发源于永昌县，后来逐步流传到山丹县的祁连山、焉支山一带，成为当地的传统名菜之一。最传统的垫卷子是羊肉垫卷子，最初为永昌县羊羔肉垫面卷，后来逐渐发展出鸡肉垫卷子、鱼肉垫卷子、家常南瓜垫卷子等系列，为当地群众所喜爱。

　　河西走廊的物产很丰富，有上好的绵羊羔肉、菜籽油、胡麻油、小麦粉等。河西走廊中部的焉支山军马场大草原终年有祁连山冰川的雪水滋养，草原上生长着珍珠草、沙葱、针茅及多种中草药。

　　草原的土壤碱性高，可以中和羊肉的膻味，使之肉质鲜嫩，瘦而不柴。山丹县有大片天然草原，每年饲养的羊超过百万只，是甘肃省养羊大县。山丹历来有养羊的传统，4000年前就有牧羊人的足迹遍布祁连山的山丹大地。汉武帝时，战败的匈奴失去这块宝地时哀叹："亡我祁连山，使我六畜不蕃息；失我焉支山，使我妇女无颜色。"

羊肉垫卷子的制作始于每年冬春两季的杀羊羔活动。冬春季节是羊群的繁殖季节，在祁连山和焉支山的草原上会诞生大量的小羊羔，但这些羊羔不能全部保留，因为草原面积极其有限，又受到风沙的侵蚀有逐步缩小的趋势，牧民们为了以后更好地放牧和保护现有的草场，根据草原载畜量的要求按计划和比例宰杀一批小羊羔。

这些小羊羔的皮绷起来可以用于制作羊羔皮，大量的羊羔肉只能炖煮着吃。牧民为了快捷、便利地做好一家人的吃食，便把面卷子直接下到羊肉汤里炖煮，这种主副食混搭的做法非常适合当地，逐渐演变成了现在的羊肉垫卷子。

羊肉垫卷子在河西走廊风行了几百年，永昌县的风味更纯正。永昌县的羊主要吃北山咸草，羊羔肉质地细嫩，瘦而不柴，营养丰富，无一丝膻味，堪称塞上佳品。

永昌羊羔肉垫卷子用料很讲究，配方严格。选择养了一两年的羔羊，现杀，把羊羔肉剁成方块，用清油爆炒，辅以葱段、蒜片、干辣椒，佐以姜粉、花椒粉、盐等调味品，到水分略收干时加入开水，放糖、料酒煮到七成熟，加盐、酱油、味精等，加水焖至八成熟。将和好的面擀成薄饼抹上清油，撒上葱花、椒盐，卷成筒形，切成段，放在肉上，焖到面熟肉烂即可上桌。这样的羊羔肉垫卷子色正味纯、香气四溢、鲜嫩可口、面肉渗透。羊羔肉的鲜美与河西走廊的优质面粉做成的卷子相得益彰，羊羔肉有手抓羊肉的豪放，又把卷子的精美衬托得淋漓尽致。

永昌羊羔肉垫卷子的名气与两位福建人有紧密的关系，一位是爱国名将、两广总督、禁烟英雄林则徐，当初林则徐被革职查办贬至新疆伊犁地区，经过永昌；另一位是时任永昌县令涂文光。永昌羊羔肉垫卷子因两人名扬四方，流传至今。现在羊羔肉垫卷子已成为永昌各大酒店、餐馆的特色招牌菜肴，也成为当地人婚庆宴席、招待亲朋好友及远方来客的首选菜。随着时间的推移，永昌及周边地方诞生了鸡肉垫卷子、鱼肉垫卷子、家常南瓜垫卷子等，其做法与羊羔肉垫卷子几乎一致，只是更加爽口味鲜，吃不惯羊肉的朋友可以吃其他味道的垫卷子。

我们住在敦煌金昌饭店的时候，一位朋友来看我，厨师长推荐了一道鲜鸡肉垫卷子。我们一吃顿感肉嫩面香，比黄焖羊羔肉更加味美可口。

月泉浆水面

地址	酒泉市敦煌市特色小吃街 16 号
电话	15193730178

浆水面

客来夸薄细，家造发清香

从陕西开始，丝绸之路沿线都有用泡浆水菜的汁水调和美食的习惯，其中最有名的美食是浆水面，其味酸、辣、清香，别具一格，让人食后难忘。

浆水面是陕甘地区最传统的特色小吃之一，最出名的浆水面要数敦煌浆水面，它已成为"敦煌八大怪"之一，为普通百姓和广大游客所喜爱。在敦煌境内，无论是农村还是城镇，家家户户都会做、爱做浆水面。特别是在盛夏之际，敦煌的家家户户都要做浆水面吃，它可以去暑解热、增进食欲、解除疲劳、恢复体力，是敦煌人不可缺少的一道美食。

敦煌浆水面的主要食材有面条、芹菜、苦苣、白菜、韭菜等，辅料有葱花、花椒、香菜、油泼辣子等，常采用水煮的方式。敦煌人在吃浆水面时还要加浆水、大油等，口味特别酸香。

做浆水面之前要备好浆水。敦煌人习惯把芹菜或箭杆白菜、莲花菜等蔬菜投入面汤，加入浆水酵子用大缸盛好，放在温暖的地方发酵3天，做成清酸可口的浆水。浆水里含有多种益生菌，它们是有益于身体健康的酶，有清暑解热、增进食欲的作用，是敦煌盛夏时节的食用佳品。把手工面条放白开水里煮熟，用凉开水浸过冷却，再盛入大碗中，加浆水做成的汤汁，浇上炝过油的葱花，撒上芫荽末，即成敦煌浆水面。

敦煌是沙漠中的绿洲，每到盛夏，气候比较干燥，土壤中含盐碱多，人们需要用酸性食来中和，败火解暑、消炎降压。敦煌人做浆水面用的浆水是一种很好的酸水，能中和食材的碱性，可当作预防中暑的清凉饮料直接饮用，其颜色和味道与柠檬汁相近。如果夏天在敦煌旅游或出差，在路边店吃一碗浆水面觉得还不解渴，可以让服务员再给你上碗浆水，水上漂着韭菜段，哪怕夏天的气温高达40多摄氏度，喝上几大口，也马上就解渴了。

传说张飞为西乡侯时，西乡县某户人家有三个儿子，老大、老二成家立业独立生活，老三幼年患病拐脚跟父母住，在路边开家面铺维持生计。一天来了位客人，他要了两碗面，恰巧菜已用完，没东西做臊子。老三从厨房瓦罐里找出几片白菜（老三几天前把白菜洗净放在瓦罐里），又加了热面汤。白菜发黄有股酸味，老三用酸白菜做臊子，客人吃后竟说面好吃，要再来两碗。客人问老三这叫什么面，老三说明原委，并说还没有起名字，客人想了想说："叫浆水面吧！"等客人走后，旁人告诉老三，说那人是西乡侯张飞。消息传出后，人们纷至沓来品尝老三的浆水面。如今西乡还流传着一句歇后语："西乡的浆水面——连吃带续"。

清末进士王煊的《浆水面戏咏》曰："消暑凭浆水，炎消胃自和。面长咀耐嚼，芹美品评多。溅赤酸含透，沁心冻不呵。加餐终日饱，味比秀才何？"他还在《竹民诗稿》中如此写浆水面："本地风光好，芹波美味尝。客来夸薄细，家造发清香。饭后常添水，春残便做浆。尤珍北山面，一吸尺余长。"道出了浆水面的绝妙之处，让浆水面名扬四海。

我觉得，在敦煌这样干燥的地方，吃碗酸酸的浆水面既能解渴，又能饱肚子，还很舒服。特别是在鸣沙山月牙泉旅游时，看到沙漠我有种莫名的干渴，吃了浆水面，嘴里就不停地生津，也不怕渴了。我想，在敦煌这样的沙漠绿洲，也是一方水土养一方人。

敦贤居农家乐

地址　酒泉市敦煌市月牙泉镇
　　　莫高窟农家乐一条街
电话　18693721657

榆钱饭

榆钱做成的美食

　　曾在中学课本上读过刘绍棠先生的一篇《榆钱饭》，讲的是他采摘榆钱、做榆钱饭的事情。这篇文章让我印象深刻，记得我当时边读边流口水，馋得不行。从此，我对榆钱饭充满了期待，很想找个机会尝尝美妙的榆钱饭，一饱口福。

　　在敦煌，家家户户都有做榆钱饭、吃榆钱饭的习惯。每到榆树长出榆钱的日子，敦煌人都会去房前屋后采摘些新鲜的榆钱回来，用清水淘洗干净，拌上白面或者玉米面蒸熟，再辅以大油，与韭花炒着吃。每到这个时候，敦煌的山野阡陌的枝头树梢都是绿莹莹、脆生生的榆钱，而市场上的大油和肥膘肉相应地成了紧缺货。

　　榆钱也叫榆荚，是榆树的种子，形状似古代铜钱。新长出来的榆钱脆甜绵软、清香爽口，小孩喜欢吃。榆钱与余钱谐音，寓意吉祥富足，敦煌人在房前屋后种榆树有讨口彩的意思，另外也是为了预防饥年。

　　清明时节，敦煌的榆树枝鼓起深紫色或者褐红色豆状小包，它们是榆钱的花蕾。一串串榆钱挂满长长短短的枝头，在风中摇曳，吸引着过往的行人和采摘者。几度春风拂过，一个个蓓蕾绽开一片片圆圆的花瓣，一串串嫩嫩的、绿绿的榆钱挤满枝头，逐渐冒出丛丛的片状绿芽，像停下的蝴蝶。它们是榆树的果实，圆圆的薄翼中间嵌着一枚扁扁的籽实，中间鼓周边薄，通体碧绿，浑圆精巧，像蝴蝶的翅膀，故又称翅果。榆钱由绿转黄，会带着种子随风翩翩起舞飘扬到四面八方，寻觅它可以安家的沃土。

在旧社会，春天正是敦煌农村青黄不接的时候，粮食早已见底。榆钱可以救命，不管大人小孩都提着篮子去捋榆钱。他们踏着晨雾迎着朝霞，光着脚丫背起竹篓，胆小的站在树下用竹竿绑铁钩往下钩，胆大的哧溜爬上树头骑在树杈间掰着树枝往篮子里捋。捋的方法是把带榆钱的树枝轻轻握在手掌中，顺着树枝从上至下慢慢移动，一把榆钱就握在了手中。采嫩芽摘鲜叶，绿色的小精灵在指缝间飞舞。捋下的榆钱放在嘴里咀嚼，有股天然的清香在舌尖萦绕，在口腔氤氲，最后化成一缕清风从鼻孔逸出。小孩子捋榆钱要先吃个够，才会往篮子里放，篮子满了提回家。

在敦煌市月牙泉镇前往莫高窟的农家乐一条街上，几乎每个农家乐门口都有两三棵榆树，一到春暖花开的时候，这些榆树就挂满了榆钱，它们象征着这些农家乐生意兴隆、吉祥富足，更是这些农家乐出售榆钱饭的食材来源。

在敦煌，榆钱的吃法很多，可以生吃、笼蒸、煮粥、做馅儿等，但最多的还是将它做成榆钱饭。先将榆钱上的黑托儿择掉，用清水洗净。榆钱细小，容易藏匿灰尘和沙砾，洗4遍水仍有渣滓。榆钱鲜嫩，不能用大力气去揉搓，只能细细淘洗，要淘洗到一点渣滓都没有才算合格。用九成榆钱拌一成荞麦面或玉米面或白面，撒点盐用手抓匀，直接上屉锅蒸，锅里的水一开，过几分钟榆钱就熟了。

将蒸熟的榆钱蘸蒜泥和酱油吃叫扒拉子，也叫榆钱糕。榆钱饭没法抓或拿，只能用筷子往嘴里扒。喜欢吃甜食，在碗里放白糖拌匀即可食之；喜欢吃咸食，可以放盐、酱油、香醋、辣油、葱花、芫荽等调味品。其味新鲜爽口，吃一口唇齿生香。慢慢地嚼细细地品，有丝丝的甜，还有种滑滑的感觉，满嘴糯滑清甜。

现在的榆钱饭很讲究，蒸好的榆钱不直接吃，而是盛进锅里拌上切碎的葱花，与烧到八成熟的胡麻油翻炒，炒几遍即可出锅。榆钱还有一些别的做法。一是用榆钱与玉米面糅合蒸窝窝，叫菜窝窝，酥香可口。二是用榆钱熬小米粥，喝起来甜滋滋滑溜溜的。三是将榆钱与葱花油搅拌，放少许盐，烙成饼，裹上咸菜、蒜泥,香味四溢,很是馋人。

　　我第一次见到榆钱饭,只觉它绿白相间,鲜嫩饱满,瞧着悦目,吃在嘴里清香可口,还有点回甘。吃了一顿敦煌的榆钱饭,让我想起清代郭诚的《榆荚羹》:"自下盐梅入碧鲜,榆风吹散晚厨烟。拣杯戏向山妻说,一箸真成食万钱。"我这才知道榆钱饭真省粮食,平时吃拉面的碗,满满一碗榆钱饭用的粮食也就够铺满一个碗底而已。

　　在榆钱飘落的时候,敦煌的小孩会将它们捡起来,像搓麦穗一样,放在掌心里揉碎之后吹去杂质,把留下的榆钱种子放进嘴里当零食吃。榆钱种子很香,且越嚼越香,余味无穷。老榆钱可以制酱。将榆钱晒干磨成粉,加作料发酵一段时间便成了酱,拿来当作餐桌上的小吃,十分美味。

　　格尔木是个新兴的石油城。格尔木美食传承自格尔木原有的藏族、蒙古族美食，烤羊肉、烤羊杂、烤羊油馍馍等最有特色，被石油工人称为格尔木风味。这种格尔木风味还辐射到敦煌、西宁等地，也颇受欢迎。

行住玩购样样通 >>>>>

行在格尔木

如何到达

飞机

格尔木机场位于格尔木市西北20千米的沙漠戈壁中，海拔2842米，属于典型的青藏高原机场。有2条航线，可达西宁、西安、成都等城市。

火车

格尔木火车站海拔2829米，有多趟次列车停靠，主要为去往拉萨、敦煌的各类旅客列车。

市内交通

公交

格尔木市公交线路票价多为1元，市区公交覆盖率达100%。市区公交线网形成"六纵六横六环加辐射"的格局，乘坐和换乘很便捷。

出租车

格尔木市出租车的起步价为6元/3千米，超出3千米加收1.3元/千米，夜间超出3千米加收1.5元/千米。去较远的地方可选择拼车。

住在格尔木

格尔木珠峰大厦

地址　格尔木市八一中路18号
电话　0979-5990000
价格　110元起

该大厦地处繁华地带，地理位置优越，交通便利，设施齐全，性价比很高。

格尔木黄河国际大酒店

地址　格尔木市昆仑中路62号
电话　0979-7257888
价格　424元起

该酒店为高端酒店，装修精致典雅，富丽堂皇，拥有各种风格的房型，追求品质的游客可以选择这里。

玩在格尔木

昆仑旅游区

地址 格尔木市西部
门票 50元

　　无数先贤智者、骚人墨客、剑客奇士、天涯游子遥望西天，情寄昆仑，用诗词歌赋来表达他们对昆仑的向往和仰慕。昆仑山东西长2500千米，平均海拔5000米。昆仑山中万壑纵横，蕴藏着无尽的壮美、神秘和富饶。来到格尔木不可错过昆仑山。

察尔汗盐湖

地址 格尔木市北侧
门票 免费

　　察尔汗盐湖由达布逊湖以及南霍布逊、北霍布逊、涩聂等盐池汇聚而成，总面积5856平方千米，格尔木河、柴达木河等多条内流河注入该湖。由于水分不断蒸发，盐湖上形成坚硬的盐盖，青藏铁路和青藏公路直接修建于盐盖之上。这里是中国最大的盐湖，也是世界上最著名的内陆盐湖之一。这里最美的景观当数盐结晶时形成的盐花，以及举世无双的"万丈盐桥"。

购在格尔木

唐古拉牦牛肉干

店面 格尔木市各农贸市场、超市
价格 80元/斤

　　唐古拉牦牛是格尔木市唐古拉山镇的特产。唐古拉牦牛为国家农产品地理标志保护产品。想知道这里的牦牛肉有什么特别之处，就买来尝尝吧。

藜麦

店面 格尔木市各农贸市场、超市
价格 8元/斤

　　藜麦是格尔木特产，富含镁、锰、锌、铁、钙、钾、硒、铜、磷等矿物质，蛋白质含量在所有谷类作物中是最高的。

开启格尔木美食之旅 >>>>>

阿兰餐厅

地址　格尔木市八一路 48-1 号
电话　0977-8490005

糌粑

藏族的传统主食

格尔木是蒙古语的音译，意思是河流密集的地方。格尔木地处欧亚大陆中部、青藏高原腹地、青海省西部，是前往西藏、敦煌和丝绸之路的必经之地，是进入西藏前的最后一座大城市，也是观赏青藏高原风光、高原野生动物活动和登山探险的理想之地。糌粑是藏族牧民的传统主食之一，不少藏族人一日三餐都吃糌粑。

糌粑是藏语的译音，即青稞炒面的意思。到格尔木的藏族同胞家里做客，主人会端来喷香的奶茶和青稞炒面及金黄的酥油、奶黄的曲拉、糖等食物，叠叠层层摆满整个桌子，让人感慨他们的慷慨和大方。青稞属于大麦，其颖壳分离，籽粒裸露，又称裸大麦、元麦、米大麦等，有白色和紫黑色两种，产于西藏、青海、四川、云南等地连接的青藏高原地区。

收割的青稞在晒干之后要同干净的细沙混合在铁锅里用大火炒熟，之后将细沙筛除，把炒熟的青稞研磨成面粉，不用过筛去除麦皮。藏族人吃炒面的时候，在木碗里放些酥油，冲入温热的茶水，加炒面粉，用手指不断搅匀即可。搅拌的时候先用中指将炒面向碗底轻捣，以免手指深入压着炒面让茶水溢出碗外；然后按顺时针方向转动手中的木碗，用手指紧贴着木碗的边沿把炒面压入茶水中，让其与茶水融合；待炒面、茶水、酥油三者完全拌匀，用手指能捏成面团就可以了。这叫酥油糌粑，藏族人习惯将它简称为糌粑。吃的时候用手指不断在木碗里揉成团直接往嘴里送，不用筷子或勺子。

酥油糌粑的标配是酥油、炒面、曲拉、糖等，吃起来有酥油的芬芳、曲拉的酸脆、糖的甜润。酥油是藏族人从牛奶中提炼出来的奶油，它的热量大，在高原地带可以充饥御寒。

酥油茶是藏族人吃糌粑时的常备饮料，由砖茶水、盐巴、酥油制成。打酥油茶时在一个特制的酥油桶内用活塞式棍轴上下冲击、搅打，使水和油交融。将打好的酥油茶原浆倒入茶壶，置于文火上温着，可以保证全天饮用不变凉。倒茶时向一个方向摇动茶壶，随喝随倒。酥油茶可以滋补身体、提神解渴，能产生热量御寒充饥。有客人到访，藏族主妇会端出清香可口的酥油茶恭恭敬敬地献给客人，客人不能拒绝，至少要喝三碗，喝得越多被认为越有礼貌。

藏族人的糌粑是在他们的长期游牧生活中形成的。牧民们为了出行方便，只怀揣木碗和腰束糌粑口袋。如果饿了，就地坐下来，也用不着生火做饭，从口袋里抓把炒面放在木碗里，只要加一点茶水和酥油就可以吃了，不受其他条件和物质的限制，还有足够的热量抵御高原上的寒冷。

藏族人的酥油糌粑还可以佐以菜肴、辣椒等食材。在阿兰餐厅，还可以在糌粑里加肉或野菜做成稀饭，藏语叫土巴，这是藏族人的另一种美食。

藏族人在过藏历年的时候，每家每户都要在藏式柜上摆个吉祥木斗——竹索琪玛，放满青稞炒面和卓玛（人参果）等，插上青稞穗、鸡冠花和酥油制作的彩花板（名为"孜卓"）。邻居或亲戚来拜年，主人端来竹索琪玛，客人抓把糌粑向空中连撒三次，再抓一点炒面放进自己的嘴里，然后说扎西德勒即可，表示吉祥如意和祝福。

马克力木烤羊肉

地址　格尔木市柴达木中路盐
湖一小区北门向西30
米路南

电话　18095796884

炕锅羊排

石油工人的创新吃法

　　格尔木是座年轻的石油工业城市，青海省石油局的炼油厂就设在那里。青海省石油局的花土沟油田离格尔木不远，开采出来的原油很方便运到炼油厂提炼。格尔木和花土沟的石油工人都是二十世纪五六十年代支边来到这里的，他们来自全国各地，在这里有了第二代、第三代。

　　格尔木是标准的移民城市，这里除了原来已有的蒙古族饮食和藏族饮食，其他外来人群带来了各地的饮食文化习惯，形成一种汇聚性饮食。格尔木本地的蒙古族人和藏族人原来都是牧民，他们喜欢游牧生活，善于养羊，也做与羊有关的美食。目前格尔木的一线石油工人是当年支边人的第二代，他们的生活条件已经大大改善了，工作之余就是寻找自己喜欢的美食，推荐给周边的朋友和自己的亲戚。他们除了寻找现成的美食，还要回家钻研和探究那些有特色的美食。蒙古族人和藏族人不吃的羊杂成为石油工人的美味，并形成有特色的格尔木风味。

　　格尔木炕锅羊排也是格尔木风味中的一种，被称为格尔木一绝，由格尔木的炕锅羊肉发展而来。格尔木炕锅羊肉分生炕和熟炕两种。用大炕锅做出来的羊肉特别肥嫩鲜美，味道极好，令人回味无穷。做熟炕羊肉时要先把羊肉煮熟再用锅炕。主料有羊腿肉、土豆、青辣椒，配料有洋葱、大蒜、老姜、黄豆酱、辣椒粉、孜然粉、黑胡椒粉、盐、酱油、葱花、八角、料酒。先把羊肉切成2厘米见方的小块，不能太小也不能太大，要有肥肉，这样口感才滑润。加拍烂的老姜煮1.5小时，捞起熟羊肉待用，大蒜、洋葱切块，青辣椒切滚刀，土豆削皮洗净，滚刀切厚片才能吸足羊肉的香味。锅加植物油烧热，把土豆块炸透，呈金黄色时捞出沥油。锅中留油，下大蒜和洋葱翻炒，让其变色。再下煮熟的羊肉，加黄豆酱、辣椒粉、孜然粉、黑胡椒粉翻炒几分钟。加青辣椒、土豆炒匀，加盐炒匀出锅。

　　最正宗的炕锅羊排需要精羊排、洋葱、胡萝卜、葱、老姜、大蒜、青辣椒、红辣椒、烤饼等材料及孜然粉、孜然粒、花椒粉、五香粉、盐、鸡精、料酒等调味品。羊排剁成小块，冷水入锅焯水，取出后洗净。炖锅放水、羊排、葱、老姜、料酒大火烧开，改小火炖1.5小时取出备用。炒锅放油，三成热时加葱、老姜、大蒜炝锅，放洋葱煸炒至透明，加滚刀切的胡萝卜和煮熟的羊排，加孜然粉、孜然粒、花椒粉、五香粉、盐、鸡精炒匀，加青辣椒、红辣椒炒匀起锅即可。

　　马克力木烤羊肉店的家常炕锅羊排用的是小精排，是熟炕羊排，土豆片既香又脆，洋葱、青椒很入味，芝麻、辣椒粉、孜然香气四溢。羊排外层微焦的部分非常香，里面的肉鲜嫩多汁、喷香可口。

玲珑湾酒店

地址　格尔木市建设西路 6 号

电话　0979-4211999

狗浇尿

不雅名字背后的甜香美味

　　我没到格尔木之前，几个朋友给我推荐这里的特色美食狗浇尿，还告诉我很多餐厅都用狗浇尿招待远方来的客人，这道菜很受他们的欢迎。我这次到了格尔木，品尝了狗浇尿才知道它的魅力。狗浇尿颜色金黄、外表美观、甜香柔软，各地食客都能接受它。它的名字很奇怪，很多食客在看到菜名和听到店家的介绍时会产生好奇心，想体验一下狗浇尿的味道。

　　狗浇尿又名狗浇尿油饼，是一种流行于青海的海西州与格尔木地区的薄饼，多用菜籽油（青海人称清油）来煎炸。先将加酵子的半死面或没有酵子的死面和匀，多揉一会儿让它表面光滑。擀开面团撒上香豆粉，浇少许清油抹均匀，把面皮一点一点地卷起来，卷成长卷儿，再顺着面卷的方向将其拧成螺丝状，用刀切成小段，逐个压平擀成微薄的面坯。在烧热的平底锅里倒入清油，将饼坯放进锅里，再沿锅边浇一圈清油，不停地转动薄饼坯保证其颜色均匀。薄饼一面煎熟后翻过来煎另外一面，再沿锅边浇一圈清油，不断转动薄饼让其均匀受热，两面煎熟即可出锅装盘。薄饼散发着香豆味和清油的芳香味，闻到那香味就令人嘴馋。

　　20世纪50年代以前，格尔木还是农村，农民的厨房用具都很传统、古朴，他们的灶台上多使用表面有釉的陶瓷小油壶。在做饭菜前先把清油盛在小油壶里，在烙油饼的时候，由于灶台高，烙油饼的人习惯于用小油壶沿着锅边沿浇油，小油壶的油壶嘴翘起，倒出的清油是一股细细的橙黄色液体，在空中形成抛物线。那围着锅转圈的动作犹如农村土狗在墙根儿跷起腿撒尿的姿势，农民就用通俗的说法称它为狗浇尿，也把这种浇尿式煎出来的油饼叫狗浇尿。从另外一个角度看，这也说明以前格尔木地区的清油特别珍贵，农村人舍不得多放油，只是点到为止。

如果你有机会去格尔木的农村走一走，正好是饭点的时候来到某户人家，热情的主人就会招呼你吃饭。家里勤快的女主人用不了多久就会给你端上黄澄澄的狗浇尿和奶茶，让你吃一顿香脆可口的薄饼，品味醇香可口的奶茶，好好体验一下格尔木地区的风味。

吐鲁番·喀什·阿克苏

　　吐鲁番以葡萄沟闻名于世，此外，这里的艾丁湖大尾黑羊是我国顶级的食用绵羊品种，也是制作清炖羊肉、手抓羊肉、烤羊肉串、手抓肉及羊肉类美食的最佳原材料。

　　喀什维吾尔族的饮食文化浓郁、朴素，烤、炸、蒸、煮是最常见的烹饪方法。

　　阿克苏人吃得简单大气，但美食中隐藏着深厚的文化底蕴。

行住玩购样样通 >>>>>

行在吐鲁番

如何到达

飞机

吐鲁番交河机场距市区约10千米,乘飞机从空中俯瞰艾丁湖、交河故城和火焰山等景点,别有一番趣味。不过,吐鲁番地区夏季炎热并时有大风,对飞行安全会产生影响,所以温度较高时,飞机会停止起降。有10余条航线,通航17个城市。

火车

吐鲁番火车站位于吐鲁番市高昌区大河沿镇,是南疆铁路的起点站。

吐鲁番北站位于吐鲁番市西北方向,是兰新高速铁路的一个站。它距吐鲁番市区5千米,毗邻吐鲁番交河机场高速公路。

市内交通

公交车

吐鲁番市有公交车和旅游专线,票价为1元。公交车运营时间夏季为8:30—21:00,冬季为9:00—20:00。

出租车

吐鲁番市出租车起步价为7元/3千米,3千米以后加收1.4元/千米;夜间3千米以后加收1.6元/千米。

住在吐鲁番

吐鲁番乌尔达庄园

地址 吐鲁番市高昌区亚尔乡上湖杏花村沙疗所
电话 13899905489
价格 225元起

该庄园致力于提供中高端民宿品牌服务,场地内还设有吐鲁番特有的沙疗场地,可为顾客提供免费沙疗。庄园旁边是葡萄地,可免费品尝及采摘。

吐鲁番金新宾馆

地址 吐鲁番市高昌区绿洲中路390号
电话 0995-8560222
价格 181元起

从该宾馆步行可达高昌公园和儿童公园。这里距客运站不远,地理位置优越。

玩在吐鲁番

坎儿井民俗园

地址 吐鲁番市新城路西门村
门票 40元

这里有坎儿井的原型和博物馆，有维吾尔族民居式的宾馆和餐厅，可以系统地了解新疆的坎儿井文化，也可以在此用餐住宿，品味维吾尔族风情的建筑和美食。

交河故城

地址 吐鲁番市亚尔乡将格勒买斯村
门票 40元

故城里的建筑都是用黄土夯成的，十分有特色。故城的布局大体分为三部分，南北大道把居住区分为东、西两大部分。大道北端为寺院区。故城的东侧曾经是军营。

葡萄沟

地址 吐鲁番市高昌区312国道与
　　　 Z474交叉口北侧
门票 60元

葡萄沟是火焰山下的一处峡谷，在遍地高温炙烤的火焰山区域中，这里是一处阴凉湿润的清净绿洲，有阿凡提乐园、王洛宾音乐艺术馆、达瓦孜民俗风情园、绿洲葡萄庄园和民族村等，可以品尝不同品种的葡萄、观看维吾尔族歌舞表演、参观维吾尔族民居等。

购在吐鲁番

葡萄

店面 吐鲁番市各大农贸市场
价格 15~20元/公斤

吐鲁番是葡萄的故乡，也是葡萄的王国。吐鲁番特别适合葡萄的生长和种植。这里的葡萄似珍珠、像玛瑙，如果在当地没有吃够，还可以带些葡萄干回家。

行在喀什

如何到达

飞机

喀什机场距市中心约10千米。每天都有航班往返于喀什与乌鲁木齐之间，还有连接喀什和北京、上海、广州、西安、成都等地的航班。

火车

喀什站位于喀什噶尔地区喀什市区，距离市中心约6千米。每天都有发往乌鲁木齐市的列车。它是南疆铁路的终点、喀和线的起点。

市内交通

公交

喀什公交系统发达，但途经的景点较少。绝大部分公交车都有人售票，市内票价为1~2元。运营时间一般为8:30—20:30。

出租车

喀什出租车起步价8元/3千米，超出3千米后加收1.5元/千米，夜间超出3千米加收1.8元/千米。

住在喀什

喀什银瑞林国际大酒店

地址 喀什市建设路160号
电话 0998-2655555/2912555
价格 299元起

该酒店规模较大，为高档酒店。建筑外观豪华典雅，周边有南湖公园，地理位置优越，交通便利。酒店配套设施齐全。

喀什江苏大酒店

地址 喀什市健康路88号
电话 0998-2537666
价格 159元起

该酒店地处喀什市中心商业繁华地段，交通便利，地理位置十分优越，价格实惠，适合追求高性价比的客人。

玩在喀什

喀什噶尔老城

地址 喀什市亚瓦格路10号
门票 30元

位于城核心区的民居群体是世界上规模最大的生土建筑群之一,生土建筑本身极具历史意义与价值,融合了汉唐、古罗马遗风和维吾尔民族现代生活的特点。喀什老城内街巷纵横交错,布局灵活多变,曲径通幽,民居大多为土木、砖木结构,不少传统民居已有上百年的历史,是中国唯一的以伊斯兰文化为特色的迷宫式城市街区。老城的居民们仍然恪守着世代而居的土屋和上千年的传统习俗。

艾提尕尔清真寺

地址 喀什市解放北路艾提尕尔广场西侧
门票 普通游客20元,穆斯林免费

这是全国规模最大的清真寺之一。寺内有很多壮观又极富伊斯兰特色的建筑,可以一一参观。东侧正门前便是巨大的艾提尕尔广场,它是喀什市的地标。广场的西侧是清真寺的东门,即艾提尕尔清真寺正门门楼。正门是鹅黄色的建筑,旁边是两座宣礼塔,弧形的造型柔和静美,很多游客会在此拍照。

购在喀什

叶城核桃

店面 喀什市各超市
价格 10元/公斤

叶城县已有2000多年的核桃种植历史,被称为中国的"核桃之乡"。叶城核桃外观色浅光滑,易取全仁,味道香甜,果仁饱满,颜色黄白,是自用、送礼的佳品。

喀什红枣

店面 喀什各农贸市场
价格 20~30元/公斤

喀什地区出产的红枣表面光滑、皮薄、色艳、肉厚、品质上乘、口味极佳,深受广大国内外消费者的青睐。

行在阿克苏

如何到达

飞机

阿克苏温宿机场位于阿克苏地区阿克苏市温宿镇。这里有往返乌鲁木齐、上海、成都、西安、北京等城市的航班。

火车

阿克苏火车站位于阿克苏市中原路与交通路交叉处，每天有多趟列车经停该站。

市内交通

公交

阿克苏市的公交车线路不多，票价大多为1~2元，运营时间根据具体线路从8:30—20:30不等。

出租车

阿克苏出租车起步价为5元/2千米，超出2千米加收1.5元/千米；夜间超出2千米加收1.8元/千米。

住在阿克苏

阿克苏天福大饭店

地址 阿克苏市解放中路16-2号
电话 0997-2525555
价格 168元起

该饭店环境优雅，交通便利，设施设备完善，可为游客提供贴心的入住服务。

阿克苏辰茂鸿福酒店

地址 阿克苏市东大街32号
电话 0997-2283555
价格 277元起

这是一家豪华商务型涉外酒店。酒店装饰典雅、安全舒适。三个主题餐厅提供中式、西式及清真美食，适合追求品质的游客。

阿克苏东方国际大酒店

地址 阿克苏市温州中路1号
电话 0997-2148666
价格 238元起

该酒店各种服务设施齐全，拥有国际上最先进的通信设备，所有客房内均可免费接入高速互联网，它是游客下榻的理想场所。

玩在阿克苏

库车大峡谷

地址 阿克苏地区库车县北部72 千米处 217国道旁

门票 50元

峡谷海拔1600米，最高山峰海拔2048米，由红褐色山体组成，当地人称之为克孜利亚（维吾尔语，意为"红色的山崖"）。整体呈南北走向，末端稍向东弯曲。峡谷主谷长2700米，另有4条支谷，总长度为3000米，为亿万年风雨侵蚀、山洪冲刷而成，集雄、险、幽、静、奇于一体，身临其境者无不为之赞叹叫绝。距谷口1400米处山崖上有阿艾石窟，窟内南、北、西壁上残存汉文字，更为大峡谷增添色彩。

库车王府

地址 阿克苏地区库车县老城林基路库车王府

门票 45元

库车在古代叫龟兹，是西域三十六国之一，可以算得上是大国。龟兹古国以现在的库车为中心，还包括拜城、新和、沙雅等地区在内。库车历史悠久，文化璀璨，是丝绸之路上的重镇和主要驿站，曾经商业繁荣昌盛，商旅甚多。汉代西域都护府、唐代安西都护府都设置在龟兹，它也是西域的政治、经济、文化中心。这段辉煌的历史给库车留下了许多宝贵的文化遗址和文物。

购在阿克苏

阿克苏冰糖心苹果

店面 阿克苏市各农贸市场

价格 4~8元/公斤

阿克苏冰糖心苹果，外部光滑细腻、色泽光亮、果肉细腻、果核透明、甘甜味厚、着色度高、蜡质层厚、汁多无渣、口感脆甜、果香浓郁，多有糖心，富含维生素C、纤维素、果胶等，营养丰富、耐储藏。果糖在苹果内聚集，产生的糖分自然凝聚在一起，堆积成透明状，犹如蜂蜜结晶体一般，形成冰糖心。

开启吐鲁番·喀什·阿克苏
美食之旅

>>>>>

西海渔村

地址 吐鲁番市博湖县大河口景区的步行街

电话 13369856866

烤鱼

走遍南北疆，博斯腾湖鱼最香

博斯腾湖在维吾尔语中是"绿洲"的意思，又称巴格拉什湖。《水经注》称其为敦薨浦，蒙古语为博斯腾尔，是"站立"的意思，因有三座湖心山屹立于湖中央而得名。它古称西海，唐谓鱼海，清代中期定名为博斯腾湖。

博斯腾湖与雪山、湖光、绿洲、沙漠、奇禽、异兽等同生共荣、互相映衬，那瑰丽的风光集大漠与水乡于一体，组成一幅丰富多彩的风景画卷。春季湖中时而惊涛排空，宛若怒海，时而波光粼粼，碧波万顷。夏季湖中渔船与彩云映衬，群鱼逍遥、群鸟共飞。金秋十月苇絮轻飘，芦苇金黄，秋水凝重，飞雁惊鸿。冬季冰封千里，湖面银白似镜，一派北国风光。在一天之中，博斯腾湖变幻出日出、日落、朝霞、晚霞、晨雾、平湖月色等景致，极富诗情画意。俯瞰博斯腾湖，那河道蜿蜒而行，芦苇丛生，荷花怒放；深入湖心，禽鸣鱼跃，好一派江南水乡景色，它也因此被誉为"沙漠瀚海中的一颗明珠"。

那些土生土长的博斯腾湖人，听多了游人的赞美，总是为拥有博斯腾湖而骄傲。他们认为最值得骄傲的是博斯腾湖里的各种野生鱼，那鲜美的味道无与伦比。博斯腾湖的野生鱼种类繁多。据文献记载，博斯腾湖有塔里木裂腹鱼（尖头鱼）、扁吻鱼（新疆大头鱼）、长头鱼、池沼公鱼、五道黑（赤鲈）、火头、鲤鱼、鲇鱼、草鱼、鲢鱼、青鱼、鳙鱼、公鱼等，还有虾、绒蟹、河蚌等。

每年的旅游旺季，三五成群的游客来到博斯腾湖的大河口、芦花港、白鹭洲等地方游玩，而他们的另外一个目的就是来博斯腾湖吃野生烤鱼。来到博斯腾湖的游客们远离了尘世的纷争、放下了工作的压力、忘记了凡间的嘈杂，成为一个单纯的食客。在他们的眼里只有湖水、蓝天、鸟儿和美味的野生烤鱼，他们暂时过起了恬静的渔夫和农夫的生活。他们悠闲地坐在沙滩的凉亭下，一边吹着清凉的博斯腾湖的风，一边欣赏着成群结队的鸟儿在眼前的湖面上自由地飞翔。我远望那湖里芦苇荡漾的地方，浮想联翩。再看身边放在烤炉上的一串串烤鱼，冒着淡淡的青烟，飘着鱼肉的鲜香。

博斯腾湖人说："走遍南北疆，博斯腾湖鱼最香。""到新疆博斯腾湖不吃博斯腾湖烤鱼，就不知道什么叫原生态！"来博斯腾湖旅游，游客的必选项目就是吃烤鱼。

博斯腾湖的烤鱼制作有些特别。博斯腾湖的渔民和烤鱼人先到湖里捕鱼，这里的鱼全是野生鱼，没有经过人工的饲养。将捕捞的野生鱼清洗干净，从背部剖开，清除内脏和鱼血，打上花刀，用盐里外腌好，在阴凉处放几天，让鱼肉充分腌渍，并风干鱼肉表面的水分，让鱼变得比较干爽。客人点餐之后，将鱼从挂鱼处取下，从鱼的上部和下部横穿两根小木棍，再用一根稍长的木棍由下往上穿，把穿好的鱼插在沙滩上，排成一排，在旁边生火。现在的农家乐，主要将鱼放在炉子上现烤，大概要1小时才能烤熟。烤熟后撒上孜然、辣椒面等辅料，香喷喷的烤鱼就出炉了。我品尝了这样的博斯腾湖烤鱼，只觉辣而不火、油而不腻、外酥里嫩、香美鲜嫩、麻而不木、回味无穷，配以博湖县出产的"博斯腾湖"酒一起食用，别有一番风味。

天和宾馆

地址　吐鲁番市高昌区老城
　　　中路大十字 969 号

电话　0995-8626999

帕尔木丁

鲜香可口的抓饭包子

吐鲁番又称火洲、风库，位于天山东部山间盆地，四面环山，盆底是艾丁湖，盛产艾丁湖羊。

吐鲁番是古丝绸之路上的重要驿站，世界四大古代文明在此交会，来自世界各地的商贾、游客会聚于此，他们把各地的餐食文化和菜肴、物种带到这里，使吐鲁番的饮食呈现出多元并包的景象，形成四方菜、四方宴的格局。热情好客的吐鲁番人以四方美食来款待世界各地的宾朋。

吐鲁番的维吾尔族人以馕和其他面食为主食，喜食牛肉、羊肉，最爱吃羊肉，古尔邦节家家户户要宰羊，节日常用抓饭和奶茶招待访客。

吐鲁番是新疆产羊的主要区域，艾丁湖大尾黑羊又是吐鲁番最好的肉用羊。艾丁湖大尾羊一身乌黑油亮，没有一根杂毛，属肉用型地方绵羊品种，小鞠里娃子（羔羊）吃盐碱地的骆驼刺等草料，体形较小，肉质细嫩鲜美。

帕尔木丁是吐鲁番维吾尔族人用艾丁湖大尾黑羊为主要原料制作的传统风味食品，看上去色泽黄亮、形象美观，吃起来皮酥脆肉鲜嫩，咸中带甜，颇受当地

　　吐鲁番维吾尔族人的帕尔木丁以吐鲁番特产的面粉、艾丁湖大尾黑羊的肥羊肉、炼羊油、皮牙子（洋葱）、鸡蛋为原料，以精盐、孜然粉、胡椒粉等为调味料，用烤馕的馕坑烤制而成。

　　维吾尔族人制作帕尔木丁的时候有一套完整的方法。他们先把刚宰的艾丁湖大尾黑羊的肥羊肉切成一定规格的小肉丁，每粒大小一致，再把皮牙子切碎。切好之后，把羊肉丁、皮牙子、胡椒粉、孜然粉和少量的清水拌匀成馅儿。

　　在干面粉中加入已经发酵好的面团和鸡蛋及适量的淡盐水，搅拌均匀和成面团。和好的面团要稍微醒一会儿再分成等量小块，即切成面剂子。把这些面剂子擀成均匀的圆形面皮，有点像市场销售的馄饨皮。把擀好的圆形面皮摊开，把羊肉馅儿放在面皮中间，包起来，做成马鞍的形状，这便是帕尔木丁的坯。

　　做好的帕尔木丁坯还需要经过加工。先让帕尔木丁坯表面蘸满醋水，再像烤馕一样，把帕尔木丁坯贴在馕坑的内壁上，贴满，封好馕坑顶端的口，焖烤5分钟左右，待馕坑内热量完全均匀，揭开馕坑的顶端封盖，继续烤20分钟左右，等帕尔木丁坯呈现金黄色就算烤好了，从馕坑里取出来就可以吃了。

　　为了让帕尔木丁更好吃，维吾尔族人还要在烤好的帕尔木丁表面抹少许的炼羊油。那帕尔木丁看上去油亮生辉，吃起来味道更加鲜美，醇香可口。维吾尔族人还有一些其他的吃法，他们把帕尔木丁与抓饭一起吃，并管它叫抓饭包子。这是维吾尔族人的上等饭食，一般时候还吃不到。我喜欢吃帕尔木丁，尤其喜欢把它与手抓饭一起吃。

吐鲁番·喀什·阿克苏

自然孕育出的饮食文化

丝路餐厅

地址　吐鲁番市高昌区柏孜克
勒克路 115 号

电话　0995-8510189

羊肉抓饭

维吾尔族的喜庆食物

　　外地人去新疆旅游，最想吃的美食莫过于羊肉抓饭。到了以产葡萄著称的吐鲁番，他们更加想吃这里的羊肉抓饭。吐鲁番的艾丁湖大尾黑羊是新疆羊的杰出代表，用艾丁湖大尾黑羊的肉做的抓饭更是羊肉抓饭的代表。

　　吐鲁番的维吾尔族人把抓饭叫作"波罗"或者"波糯"，抓饭是他们最喜欢的食物之一。抓饭所用的饭并非我们常见的白米饭或者糯米饭，它是经过特殊加工和烹饪制作出来的一种大米饭类的美食，主要原料有大米、新鲜羊肉、新疆黄胡萝卜、洋葱、清油等，拥有高超的烹饪技巧才能做出油亮光鲜、香气四溢、味道可口、营养丰富的抓饭。

　　香喷喷的羊肉抓饭是维吾尔族人逢年过节招待亲朋好友的最好食物，特别是在婚丧嫁娶的日子里，维吾尔族人一定要做羊肉抓饭来招待最尊贵的客人，让他们享受最传统的风俗民情。吐鲁番最早的抓饭由1000多年前的学者阿布艾里·依比西纳研究发明。晚年的阿布艾里·依比西纳身体很虚弱，吃了很多药都无济于事。他后来改药疗为食疗，运用新疆本土的食材和烹饪技法，把黄胡萝卜、洋葱、大米、新鲜羊肉等食材做成一种饭食，供给需要能量的身体。进食时不用筷子和勺子等辅助工具，直接用手抓成饭团塞进嘴里。阿布艾里·依比西纳早晚各吃一小碗，半月后身体渐渐得以康复。他的这种食疗食物慢慢被维吾尔族人接受，并叫它抓饭、手抓饭等。

做羊肉抓饭，先要把大米洗干净用清水浸泡半个小时，黄胡萝卜去皮切成1厘米大小的丁，洋葱切成1厘米大小的丁待用。把新鲜羊肉剁成小块放锅里，加水放姜片，烧开并撇去浮沫，继续煮2分钟捞出沥干水分。用清油将羊肉炸到表面金黄，放洋葱和黄胡萝卜丁在锅里同炒，放盐和水，汤没过羊肉即可。羊肉煮20分钟后，把洗干净的大米放入锅内，不要搅动，煮40分钟后，抓饭即熟，将锅里的所有食材翻动搅拌均匀，佐以凉拌菜即可食用。

吐鲁番的维吾尔族人在阿布艾里·依比西纳的抓饭基础上加入不同的新疆特产和补充特定的营养成分，制作出了种类繁多和花样百出的抓饭。抓饭从用油上分有清油、胡麻油、葵花籽油、棉籽油、骨髓油、酥油、羊油、红花油、亚麻油等抓饭，其中骨髓油的营养成分最高。抓饭从用肉上分有羊肉、雪鸡肉、野鸡肉、家鸡肉、鸭肉、鹅肉、牛肉等抓饭，其中雪鸡肉抓饭味道最佳。还有以葡萄干、杏干、桃干等干果为特色的抓饭，维吾尔族人称之为甜抓饭或素抓饭。冬天吃的甜抓饭也可以放肉。炒黄胡萝卜的时候放半包方块糖，糖可以增加热量，提高人体的御寒能力。维吾尔族人夏季做的抓饭花样最多，有的在抓饭上放"毕也（木瓜）"，有的干脆在抓饭上放粉条、白菜、西红柿、辣椒等炒菜，称之为菜抓饭，维吾尔语即"菜波罗"。这种边吃抓饭边吃菜的吃法别有一番风味。还有一种最简单的抓饭，吐鲁番人叫它鸡蛋抓饭。在抓饭快熟的时候，将鸡蛋打在锅里，抓饭熟时鸡蛋四周沾满米粒，吃起来味美爽口，香气扑鼻。抓饭上放些酸奶子称为克德克波拉或克备克波糯，它是上好的充饥之物，也是消暑解渴的食品。现在吐鲁番的维吾尔族人最讲究的抓饭是包子抓饭。抓饭和薄皮包子都是维吾尔族人喜欢的饭食，每碗抓饭里放五六个薄皮包子，两者合在一起吃，锦上添花。维吾尔族人只有在贵宾和亲朋好友来家里时才会做这种抓饭招待他们，这是最隆重的欢迎仪式。

维吾尔族人吃羊肉抓饭时，有自己的讲究和习俗。维吾尔族人习惯先邀请客人坐在炕上，当中铺上干净的餐布，主人一手拿盆一手执壶请客人淋洗净手，等全部客人净手完毕便端来几盘抓饭，按两三个人一盘的间隔放在餐布上，客人们一番谦让后即用手从盘中抓吃，用手指将米饭团成小团后送入口中。抓吃时务必注意，不要将饭弄得到处都是。维吾尔族人在招待汉族客人时，有时会备有小勺。

　　羊肉抓饭是吐鲁番维吾尔族人最主要的宴席用餐标准。我观赏了他们制作羊肉抓饭的全过程，品尝了羊肉抓饭。我认为，羊肉抓饭在制作上省力、省时，又饭菜俱全，白里有黄、油亮生辉、饭香肉烂、美味可口。特别是遇上成百的客人招待宴，可以说是众口好调，他们做的羊肉抓饭能使人人满意。随着时间的推移，现在的吐鲁番维吾尔族人把举行婚礼、乃孜尔时的招待宴确定为羊肉抓饭宴，慢慢形成了用羊肉抓饭招待来宾的习惯。

阳光酒店

地址　吐鲁番市高昌区高昌路
　　　155号

电话　无

凉面

新疆黄面的代表

　　新疆凉面在整个新疆都很盛行，它是新疆清真饮食的代表作之一。新疆不同地区的凉面在面料、配菜、汤底等元素上各有特色。它们取材不同，从煮法到吃法都有差异。

　　新疆吐鲁番地区的凉面最具代表性，也是新疆最正宗的凉面。维吾尔语称凉面为赛热克阿希，因其色泽黄亮又叫黄面。它是新疆夏令时节的风味小吃之一，酸香辣凉，新疆老百姓无论男女老幼都很喜欢它。

　　穿行在吐鲁番地区的农村，我曾听到过这样一首民谣："红担子，酿皮香，吃了一张又一张。红担子，调料全，吃了一碗想一碗。"酿皮者，凉皮、凉面也。写法不同，皆黄面矣。现在，吐鲁番地区还流行"冬至饺子，夏至凉面"的饮食习惯，我到吐鲁番，正好赶上吃凉面的季节，好好品尝了一番。

　　凉面历史悠久，唐代已经流行。《唐六曲·光禄寺》载："夏月加冷淘、粉粥。"冷淘即凉面。宋代王禹偁《甘菊冷淘》云："俸面新且细，搜摄如玉墩。随刀落银镂，煮投寒泉盆。杂此青青色，芳草敌兰荪。"

　　元代倪瓒《云林堂饮食制度集》有冷淘面法："生姜去皮，擂自然汁，花椒末用醋调，酱滤清，作汁。不入别汁水。以冻鳜鱼、鲈鱼、江鱼皆可。旋挑入咸汁内。虾肉亦可，虾不须冻。汁内细切胡荽或韭芽生者。搜冷淘面在内。用冷肉汁入少盐和剂。冻鳜鱼、江鱼等用鱼去骨、皮，批片排盆中，或小定盆中，用鱼汁及江鱼胶熬汁，调和清汁浇冻。"

吐鲁番人做凉面少不了一种原料——蓬灰，用戈壁上的蓬草烧成灰烬即是，加进面里有种特殊的芳香味，能使面条筋韧。蓬草是一种沙漠里的野生植物，又名臭蓬蒿、蓬蓬草、碱蓬，含碱较高，燃烧后的灰烬主要成分是碳酸盐、氯化钾、含硫化合物、磷酸盐等。每到秋季，吐鲁番地区的老百姓就采集蓬草，把新鲜蓬草砍后晒干，放在坑里烧成灰烬，再把灰烬收集起来，在做凉面的时候加一点点。

吐鲁番人制作凉面的过程比较复杂，他们有句俗话："三遍水，三遍灰，九九八十一遍揉。"吐鲁番人习惯于用淡盐水、土碱水和面，加蓬灰水，边加边揉边拉，揉到面团柔软光滑不粘手有拉力时即可。再把面团放在案板上醒，面团要醒透再拉。菜葫芦去皮、掏籽、切丝，菠菜、芹菜切段。把面团拉成细面条再下锅，煮熟后捞出过两次凉水冷却，淋少许清油拌使面条不粘连。把炒锅里的水烧开，下菜葫芦煮熟，加盐，打鸡蛋花，下菠菜，加湿淀粉勾芡成卤汁。芹菜段入油锅炸熟，分别把油辣椒粉、蒜泥、芝麻酱用凉开水稀释，不能用开水。吃时凉面盛于盘中，浇上卤汁，放醋、蒜泥、辣椒油、芝麻酱，再放芹菜段。面柔软筋道，拌料酸中有辣香，清凉可口。

这些年来，新疆凉面演化出很多新的品种，备受食客的欢迎，例如滚辣皮子凉面、新疆羊肉黄面、烤肉拌凉面。滚辣皮子凉面面条柔软筋道，鲜香爽口。它讲究辣、鲜、香，凉凉的面口感筋道、辣味突出，一撮脆生生的韭菜、芹菜撒在面上，让人欲罢不能。

新疆羊肉黄面是吐鲁番的一道家常菜肴，简单易做。它飘香美味，老少皆宜，由羊腿肉、凉面、孜然、辣椒粉、黄酒、盐、黄瓜、洋葱等食材制作而成。

烤肉拌凉面也很受外地游客的青睐。拉面师傅双手在半空中舞动一块淡黄色的面，时而抻拉成长条状，时而旋转拧成麻花状，像变戏法一样一会儿就拉成一把细粉丝样的面条。面细如游丝，柔韧飘逸。下锅煮熟的黄面丝色黄晶亮，配料精致独到，蒜泥、醋、辣子俱全。吃凉面的时候来几串烤肉，凉热结合，荤素搭配。再来杯卡瓦斯，冰冰的卡瓦斯和浓浓的烤肉香刺激着我的味蕾，让我久久回味。

李记烧烤

地址	吐鲁番市高昌区文化路926号
电话	13709920226

烤羊肉串
从吐鲁番走向全世界

　　游客到新疆去旅游，都知道有一道非常出名的美食叫吐鲁番烤羊肉串或新疆烤羊肉串，新疆本地人叫它烤肉。很多人对烤羊肉串的了解始于1986年中央电视台春节联欢晚会上陈佩斯与朱时茂合作表演的小品《烤羊肉串》，此后吐鲁番的烤羊肉串声名大噪，它的踪迹迅速遍及全国各地，甚至连县一级城市都有了。

　　吐鲁番的艾丁湖大尾黑羊是吃野草、喝泉水长大的，肉质异常鲜嫩，是制作烤肉的绝佳材料。到吐鲁番旅游的中外游客，没有不喜欢烤羊肉串的滋味的。烤羊肉串在维吾尔语中称为"喀瓦甫"。在吐鲁番地区，烤羊肉串遍及城乡、街头、集市，可以说随处可见。

　　吐鲁番人制作烤羊肉串，多选择羊后腿肉或精瘦羊肉，有时也选用肥瘦相间的羊肉，一般要剔净瘦肉里的筋膜。用精瘦羊肉制作烤肉时一般要搭配一些肥羊肉、洋葱，再加辣椒粉、盐、味精、食用油、孜然粉、腌渍调料就可以开始制作了。

　　首先，将羊后腿肉切成麻将大小的方块，不能切成薄片，否则上火烤时水分容易流失，肉会变得又干又硬。将洋葱切成丝，把切好的羊肉块和洋葱、盐拌在一起，还可以根据个人口味添加配料，但千万不要放花椒和大料。加水腌制半个小时，让洋葱汁、盐渗透到羊肉里去，让羊肉吸饱水分，这样既可以减少羊肉的膻味，又能保证羊肉肉质嫩软，还能使羊肉经得住炭火的炙烤而不发柴发硬。

之后，用带木头把的不锈钢钎子将羊肉块穿起来。钎子要选择扁的，钎面宜宽不宜窄，否则烤时羊肉串会在炉子上打滚，不好定位翻烤。最好是用金属的钎子而非竹制钎子，因为金属传热快，可以保证肉块内部同样熟透。每串五六块羊肉即可，后腿肉与肥羊肉间隔，两块瘦羊肉夹着一块肥羊肉。瘦羊肉和肥羊肉的口感、风味各异，享用者在不知不觉间能感受到不同的味觉刺激。往钎上穿肉时要顺着肉块的长形方向竖着穿入，让钎尽可能多地接触肉块，这样烤的面就宽些。

往烤肉的铁槽里加木炭或无烟煤，要待木炭或无烟煤烧得通红时再夹入铁槽并将木炭或无烟煤打散摆匀。木炭以沙漠里生长的胡杨木炭为最佳。胡杨木木质结实，火力均匀且耐烧，带有特殊的类似坚果和草原的烟熏香气，让不加香料的羊肉有特殊的香味，十分诱人。把羊肉串紧密地排放在铁槽上，烤5分钟左右，羊肉的颜色由深变浅到发白。辣椒粉和孜然粉要等羊肉烤熟了再放，不然羊肉还没有烤熟，调料就已经先煳了。在烤羊肉串的过程中要在肉块表面抹些清油，防止肉块烤干、烤焦甚至发柴。给烤肉翻面时，几串一起翻，继续烤5分钟左右，再撒盐、辣椒粉和孜然粉。这样羊肉就烤熟了，软嫩可口。

烤羊肉串切忌小火慢慢烘烤，否则会没有外焦里嫩的口感。一定要等一面基本烤熟再翻面，切忌来回翻转，否则水分会大量丢失，影响肉质和口感。烤肉时切忌有火苗，否则肉会发黑，有烟熏味。油滴在铁槽中容易引起火苗，应及时扑灭。烤肉过程中必须使用新疆的孜然粉，这样才能有一股特殊的芳香味。不使用新疆的孜然粉，烤出来的就不是正宗的吐鲁番烤肉。

说到吐鲁番的烤羊肉串，就不得不提吐鲁番乡村烤羊肉串。这种羊肉串用的不是钢钎，而是沙漠里新鲜的红柳枝。红柳剥皮后会分泌出一种黏稠液体，穿上羊肉后在炭火的熏烤下可以去除羊肉的膻味，红柳树特有的芳香味还会散发到羊肉里，结合胡杨木炭的芬芳，让羊肉串的口感层次更丰富。乡村人喜欢把羊肉连骨头切成块放在桶里腌制，加简单的佐料穿在红柳条上，放在砖头垒起来的火沟上烤熟，撒上食盐就可以吃了。

吐鲁番的羊每天要在草原上走10多千米才能吃饱，它们被称为运动羊。这些羊的肉质细腻，脂肪层薄而且分布均匀，从品质上说是全新疆乃至全国最优质的羊肉。

我吃到的吐鲁番烤羊肉串色泽酱黄油亮，肉质鲜嫩软脆，味道麻辣醇香。当肉串烤成白色时，师傅把它们盛入盘中，端到我们的餐桌前。可以单独吃烤羊肉串，也可以就着馕一起吃。我个人的习惯是就着馕吃，这样饭菜都有了，很容易就饱了。

坎儿井民俗宾馆

地址　吐鲁番市高昌区新城路西门村 888 号

电话　0995-7685928

清炖羊肉

清水炖出的吐鲁番名菜

　　我在吐鲁番停留了一个星期,对吐鲁番人的饮食习惯有个深刻的印象:羊肉对他们来说是不可或缺的美味和主食。这里家家户户都会做清炖羊肉,用泉水清炖,原汁原味,肉质鲜美,肥瘦刚好。我吃过几顿,不禁感慨:这才是吐鲁番人的最爱!

　　清炖羊肉是吐鲁番地区的一道著名菜肴,是维吾尔族、哈萨克族等少数民族的传统美食之一,也是吐鲁番人最会做的菜肴之一。他们做的清炖羊肉,羊肉味美,汤浓肉烂,没有膻味,各族人民都能接受并喜欢它。吐鲁番地区的艾丁湖大尾黑羊丝毫不带膻味,最适合清炖、红烧、烧烤。

　　吐鲁番的哈萨克族牧民制作清炖羊肉时只用食盐,不放任何调料,吃起来味道也很鲜美,并无半点膻味。制作时,先将新鲜羊肉以清水洗三遍,再浸泡几分钟。把洗干净的新鲜羊肉连骨头剁成大块,黄胡萝卜切块,洋葱切片,姜切小块。在锅里的水还凉的时候就把切好的羊肉放进去,水只要漫过羊肉一两指高就行,放太多的水会导致汤味较淡。先小火炖,再调大火,循序渐进。等锅里的水一开,把血沫撇掉,就将火关小。一般一次清理不完血沫,需要反复清理,直到肉汤里没有血沫为止。其实羊肉的膻味来自羊的体液，吐鲁番的艾丁湖大尾黑羊的膻味本来就小，不需要用其他调料的味道去盖住它的膻味。羊肉加水煮开后，残存在羊肉里的血液会被煮成沫状漂浮在水上，用汤勺一点点撇去浮沫，羊肉汤便不会有膻味了。

撇去浮沫后再用文火慢慢炖。15分钟后加洋葱、姜、花椒，还可以根据个人的喜好加红辣椒，盖上锅盖继续炖。吐鲁番人做与羊肉有关的菜肴时，习惯于放洋葱，可以去除腥味、膻味，吸收其他菜肴突出的味道，起到中和的作用。将羊肉炖40~60分钟，打开锅盖，把黄胡萝卜放进去，撒适量盐。用筷子试一试羊肉是否能插透，能插透就可以了。清炖羊肉不能煮得太烂，也不能煮得太生太硬，咬下去要能听到轻微的咯吱声。加黄胡萝卜再炖15分钟左右，即可关火出锅。

把炖好的羊肉和黄胡萝卜盛入碗里，汤汁清亮好看，这才算是成功了。如果肉汤黑乎乎的，羊肉就会失去光泽，味道也会逊色不少。有些人为了增加清炖羊肉的味道，会放恰玛古（蔓菁）、西红柿、芫荽等食材提味，这样炖的羊肉汤的味道会更加鲜美，但是吃起来没有那么清爽。

吐鲁番人吃清炖羊肉，更喜欢喝那碗羊肉汤。鲜亮白净的羊肉汤上漂着一层细小的油花，再撒点葱花，点缀少许香菜，那是一种挡不住的诱惑，那是一丝缠绕在舌尖的异乡情调。在吐鲁番旅游，能够吃一碗这么好的羊肉汤，那是我的福气。盛在盘子里的羊肉，吃的时候很有讲究，吐鲁番人会根据客人的年龄和辈分，用羊肉的不同部位招待他们，这样才不失礼节。客人吃的时候也要注意，按着主人夹的吃就行，不要按自己的喜好去挑三拣四。

凌峰大酒店

地址　喀什地区喀什市色满
路 283 号

电话　无

曲曲儿

饺子与馄饨的结合体

喀什城内的第一去处是喀什大巴扎，那里热闹非凡，有"香港巴扎"之称，在那里"没有买不到的货，没有吃不到的新疆小吃"。

喀什最地道的小吃要数曲曲儿。曲曲儿又叫曲曲、曲曲汤、曲曲汤饭等。曲曲儿深受喀什人喜欢，为喀什的传统风味小吃之一，在喀什市区和乡镇随处可见。曲曲儿外形与饺子相仿，做法与馄饨相似，是介于饺子与馄饨之间的一种特色面食。曲曲儿在制法和用料上有其独特之处，与饺子和馄饨还有些差别。

喀什人做曲曲儿，用新疆产的上等白面粉和面。把面团擀成薄片，要擀得很薄很薄，像纸一样，并且要厚薄均匀，看上去像南方市场上销售的饺子皮、馄饨皮。先将面片切成4平方厘米的方形面片。把新鲜的肥羊肉或羊后腿肉剁成肉馅儿，加洋葱末、盐、胡椒粉、孜然粉、羊肉汤和成馅料。把羊尾油切成小方丁备用。将切好的面皮逐张包入馅料，先把面皮对折起来包成饺子状，用手将边捏好，把两头从底部弯曲成凹形，再捏合在一起让两端完全合拢，中间留眼，边沿用手捏成密密的花纹。个头儿要小，比红枣略大些，大小一致，曲曲儿的生坯就做成了。

　　喀什人煮曲曲儿有讲究，先把新鲜的羊肉汤煮开，放入包好的曲曲儿生坯。曲曲儿煮熟时，往羊肉汤中倒入切好的羊尾油丁，放味精、辣椒粉、孜然、盐，大火煮三四分钟，汤再次煮开后，曲曲儿的皮呈透明状就可以了。曲曲儿不能煮得太久，否则很容易破皮漏馅。

　　锅里放入香菜末，然后将曲曲儿舀出来盛在大海碗里。现在的喀什，除了传统的曲曲儿，还有酸汤曲曲儿，曲曲儿没有变，只在汤上做了创新。用新鲜羊肉汤煮曲曲儿的时候加些西红柿、木耳、菠菜、香菜、金针菇等配菜，喜欢吃辣的还可以加辣椒油。

　　喀什人把吃曲曲儿叫作吃曲曲汤饭。在吃的时候，他们一般用勺子舀着吃。曲曲儿是喀什男女老幼都喜欢的食物，还是解酒的好帮手。

　　曲曲儿皮薄馅嫩，配上煮羊肉的原汤，吃起来汤清味鲜，清淡爽口，滑润回甘，风味别具，让人吃后意犹未尽。

　　我喜欢酸汤曲曲儿的味道，它比传统曲曲儿更开胃，吃一口便食欲大增。不过，它有点酸、有点麻、有点辣，需要慢慢习惯。特别是在寒冷的冬天，行走在喀什的大街上，感觉到有些寒意时，到路边吃一碗酸汤曲曲儿，既填饱了肚子，又增加了热量和力气。它是一道难得的美味。

灌面肺、灌米肠

喀什地区的特色美食

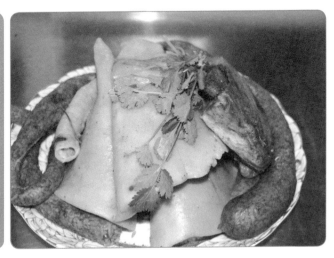

　　喀什的维吾尔族从前是游牧民族，他们的饮食至今保留着许多游牧民族特有的风俗习惯，比如会以牛羊的内脏做原料烹制鲜香异常的美味，灌面肺和灌米肠就是其代表。不过，现代改良版的灌面肺起源于伊犁的维吾尔族，有三四十年的历史。

　　灌面肺在维吾尔语中叫"欧普盖"，是用牛羊的肺脏做的珍馐。灌米肠在维吾尔语中叫"叶斯普"，是用牛羊的大肠做的珍馐。游牧民族习惯吃牛羊肉及牛羊的下水，灌面肺和灌米肠其实就是牛羊肉及下水的衍生品。灌面肺和灌米肠的味道因各人的嗜好不同，食材也有所不同。

　　首先将牛羊的肺或大肠清洗干净，然后制作填充物。无论是灌面肺还是灌米肠，灌进去的东西都需要现场制作、调味。灌面肺的咸淡与色香全在面汁的调配上。面汁是用和好的面洗出面筋沉淀后倒掉清水剩下的面浆，再加菜籽油、食盐、孜然粉等搅拌均匀而成。灌米肠的填充物是馅料,馅料用淘洗干净的大米和切碎的羊肝、羊腰、羊油等,加入胡椒粉、孜然粉、食盐水搅拌而成。

填充物做好后就该灌面汁、灌馅料了,这也是制作灌面肺、灌米肠的基础。

灌面汁和灌馅料的做法非常原始,但很科学。游牧民族生活在大草原上,可以携带的器具非常有限,他们必须发挥聪明才智,利用现有的物件完成那些复杂的制作过程。草原上没有漏斗,他们就用羊小肚、牛小肚做漏斗。把洗干净的羊小肚、牛小肚留一截,把小肠套进肺的气管,用棉线把气管与羊小肚、牛小肚紧密缝起来,羊小肚、牛小肚与气管连成一体,成为天然漏斗,再往肺里灌面汁就方便多了。灌面汁时一边用锅烧水一边往肺叶里灌。灌面汁是一项技术活,有很强的技术性,是灌面肺制作成功的关键所在。要逐勺舀出面汁倒入漏斗,挤压入肺叶,灌满后肺和小气球一样大小,此时用绳扎紧气管封口。灌面肺通常由经验丰富的妇女在没有旁人的庭院内操作,忌讳有人在场观看。

灌米肠不需要像灌面肺那样小心谨慎,但也需要下番功夫。先将冲洗干净的大肠翻转过来,即把有肠油的一面放里面,有肠绒的一面放外面,此时的大肠称为油肠。根据断裂情况将油肠切成长短不一的若干段,把各段的一头扎紧备用。把馅料灌入油肠,灌至八成满时用绳扎紧。将灌好的油肠放入装满凉水的锅中,加热烧开,稍煮一会儿,待灌肠里的大米半熟时,用粗针、钎子或细铁丝在肠壁上扎一些小孔,把肠内的气体、水排掉,否则肠壁会破裂,成为一锅肉米粥。煮熟后把灌米肠从锅里捞出来,放进一个大盆里凉着,有客人来时把灌米肠切成片、块等形状,拌上调料就可以上桌。

喀什人自己食用灌面肺、灌米肠，或在家里招待客人，一般是把灌面肺、灌米肠切成好拿的片儿或块儿盛在盘里。在街头出售的灌面肺、灌米肠则是顾客要多少就切多少，按斤两计价。顾客如果需要现吃，商贩会把灌面肺或灌米肠切成块状放在小盘子里，上面还会加一块羊肚，表示对客人光顾的谢意和对堂食者的优惠，也有利用它来吸引更多顾客的意思。

灌面肺和灌米肠在喀什的街头小饭馆和夜市小摊上都能吃到。有的商贩同时出售灌面肺、灌米肠、灌黑肺、羊小肚、面筋等，还会根据顾客的口味和要求，把几者随意搭配在一起，切片或切块装盘，再浇上用醋、辣椒油、蒜汁、香菜等调制而成的调味汁并拌匀，顾客就可以吃了。

灌面肺可以当作主食，煮熟的灌面肺颜色像蒸熟的土豆，吃起来软嫩，容易吃饱肚子。灌米肠可以当作菜肴，用于伴灌面肺。灌米肠糯香可口。如果会吃，还可以要些面筋，吃起来有嚼劲儿。灌面肺、灌米肠、面筋三者属绝配。

欧尔达阿勒迪夜市

地址	喀什地区喀什市解放北路艾提尕广场
电话	无

胡辣羊蹄

令人垂涎不止的麻辣风味

　　网上曾流传过一份新疆待客菜单，喀什的菜单是："个性最纯朴。宴客菜有鸽子汤、胡辣羊蹄、烤乳鸽、羊羔肉等。会客礼品有土陶、石榴、无花果。后花园是金胡杨国家森林公园。特点是身在祖国最西部，有着浓郁的民俗风情、绮丽的自然风光。这里是古丝绸之路的重镇，有'丝路明珠'之称；这里瓜果飘香，有'瓜果之乡'的美称；这里歌舞奇，有'歌舞之乡'的美称。没到过这里，就没来过新疆。"

　　看完这份菜单，你会发现羊肉是喀什美食中的绝对主角。喀什的羊肉好吃，肉质鲜嫩无膻味。那些土生土长的喀什人喜欢带着从外地到喀什的小伙伴们去品尝喀什最正宗的羊肉或羊杂美食，彰显喀什人的热情好客。

　　喀什的维吾尔族和回族自古以来就有烹制味美适口的羊蹄、羊头的饮食习俗，胡辣羊蹄就是代表作之一，它因辣而闻名于世。胡辣羊蹄在喀什各城镇的巴扎、农贸市场、夜市及晚上街头巷尾的摊点上均有出售。在大盆里层层叠叠码成约半米高的酱红色羊蹄"城墙",足以让你驻足观望和垂涎不止。在这里,顾客可以任意挑选,并品尝那色泽鲜亮、香辣浓郁、滑嫩不腻、回味悠长的胡辣羊蹄,感受喀什的风俗和饮食习惯。

俗话说:"不到新疆不知中国之大,不到喀什等于没有到新疆。"我们到了喀什,是一定要去喀什的夜市感受当地饮食文化的。喀什受沙漠影响,昼夜温差大,无论白天多么酷热,晚上依然很凉爽,所以大家都喜欢在晚上进行社交活动,活动地点就在夜市。喀什夜市位于中国最大、最著名的艾提尕尔清真寺斜对面。喀什七八月份晚上11点才天黑,晚上10点钟左右夜市就开张了,10点前后去夜市比较合适。

胡辣羊蹄的主料是羊蹄,副料有八角、茴香、桂皮、香叶、干姜、料酒、鲜辣椒、红干辣椒、胡椒、葱、姜等。制作时先将新鲜羊蹄去除蹄壳,用猛火烧羊蹄表面看不到的细毛,接着用碱水清洗干净,再用刀刮去烧焦的黑色部分,最后用清水漂洗干净。用八角、茴香、桂皮、香叶、干姜、料酒等做成卤水,加鲜辣椒、红干辣椒、胡椒、葱、姜等做成卤汤。平时做羊蹄一般先在老汤锅里把羊蹄炖熟,再将炖好的羊蹄放进做好的卤汤里煮,直到羊蹄的皮和筋变得烂熟。不过,做胡辣羊蹄的羊蹄不能煮得过烂,否则容易导致骨肉分离,拿着吃的时候就只剩下骨头了,那样吃起来会没有味道。卤好的羊蹄捞出来后用胡椒、辣椒粉等佐料抹匀或淋上卤汤汁,便成为胡辣羊蹄。

喀什的维吾尔族人在品尝胡辣羊蹄时,一般是不用筷子的,直接用手拿着吃。把胡辣羊蹄送进嘴里,咬下去的时候还有汁水,让人忍不住吸一口。尤其是夏秋季节,坐在夜市的摊点前,双手抓着一只肥滑香软的胡辣羊蹄,咬一口那烫嘴的香辣味便弥漫口中。闭上嘴巴用舌头翻转一下嘴里的羊蹄肉,那鲜、香、辣、美的滋味直冲心肺,让你飞上享受和逍遥的云端,站在味觉之巅。

胡辣羊蹄上其实没有多少肉,吃的是它表面那层软软的皮。吃胡辣羊蹄,其实是满足吃的欲望,也就是嚼的过程。再有就是把羊蹄皮嚼在口中,感受那糯柔;把羊蹄筋咬碎,感受那筋韧,体会咬断时的脆响。

我在喀什夜市吃过几次胡辣羊蹄,觉得它鲜美不腻、香辣味美。与喀什本地人去吃胡辣羊蹄,他们喜欢喝喀什本地产的新疆乌苏啤酒或者按俄罗斯方法家酿的啤酒,女性朋友就喝卡瓦斯。喜欢吃辣的人,还可以让店家把胡椒粉、辣椒粉、大蒜泥、醋等混合成蘸料,用来蘸着羊蹄皮吃,倒也别有一番风味。因为胡辣羊蹄的调料多，保存的时间有限，不主张买了带走。大部分人喜欢在夜市上一次吃够、一次吃爽，只留下回味的份。

欧尔达阿勒迪夜市

地址　喀什地区喀什市解放北
　　　路艾提尕广场

电话　无

油塔子
色白油亮如丝如绸的面点

　　关注喀什，必然会关注它的小吃。那做工精细、古朴无华、主副兼备、营养丰富、经济实惠、食用方便的小吃让我无比感叹。

　　在喀什的日子里，我几乎吃遍了喀什的各样小吃，它们给我留下了深刻的记忆。然而最让我念念不忘的还是那精美绝伦的油塔子，它不仅在外形上吸引我，还在味道上唤醒了我。

　　油塔子的形状酷似宝塔，是维吾尔族人喜爱的面食之一。他们一般将油塔子作为早点，配合汤粉或汤类吃。很多文章都以"外形似塔，色白油亮，面薄似纸，层次很多"来形容它，我却认为应该深入它的肌理，这样更容易了解油塔子。

　　喀什的油塔子以面粉、羊油、清油等制成，它细软香甜，油多不腻，香软不粘，老少皆宜。很多维吾尔族人特别偏爱它，只要有油塔子的地方，他们就会将油塔子作为食物。也有人说，在新疆北部经常吃到油塔子，到新疆南部油塔子就少见了。

　　喀什的油塔子制作过程很复杂，要有10多年经验才能独立完成。有经验的老厨师先用温水和好面，加少许酵面揉成软面，在温热处醒个把小时，本来就有温度的面团很容易醒好。再加碱水揉好，稍醒，制作时需要把大面团揪成若干个小面团，表面抹清油待用。

开始制作油塔子时，先取一块小面团平铺在干净的面板上，擀薄拉开，利用面团良好的延展性和韧性，拉得越薄越大越好，在薄如纸的面皮上抹一层炼好的羊尾油。天热的时候要在羊尾油里加适量的羊肚油，羊肚油凝固性大，可避免天热羊尾油融化而流出面层；天冷的时候要在羊尾油中加入少许清油，清油不易凝固，可使面皮之间隔着油脂。这样制作出来的油塔子油饱满，不流不漏，保持了油塔子浓香松软的独特风味。在面里撒少许精盐和花椒粉，将面皮边拉边卷，卷成圆筒状。将卷好的面筒搓成细条，再用刀切成若干小段，每个小段拧成一个塔状坯子，这就是油塔子生坯。把油塔子生坯放入笼屉，大火蒸25分钟左右，即可启笼食用。蒸熟的油塔子外表看起来很像花卷，但是更松软。

油塔子在喀什地区被列为十大著名小吃之一，它的制作工艺，特别是面皮擀薄的技术能与薄皮包子相提并论。

油塔子还有一些新花样。有厨师把油塔子和烤包子结合起来，做成带馅儿的油塔子，就是在油塔子里加入羊肉馅儿。带馅儿的油塔子不用烤包子的方式去烤熟，而是沿用蒸油塔子的方式蒸熟，吃起来还是那么松软。

油塔子是维吾尔族人招待客人的上等食品。在食用时用筷子将油塔子的顶端夹住，向上一提，将油塔子一层一层地拉起来，如同放大宝塔一样。喀什人吃粉汤和丸子汤时，都喜欢来几个油塔子搭配着吃。油塔子咬开像花蕾一样美丽，一层一层的，特别松软，香甜可口。把油塔子泡在汤里，会散成一片片的花瓣，入口柔软好嚼又有些筋道。

红柳烤鱼

刀郎人的日常美食

新疆烤鱼不仅是新疆的特色美味，还是巴楚县一道浓郁的民俗风味美食，让游客忍不住想吃。

那些生活在塔克拉玛干沙漠边沿和叶尔羌河流域的维吾尔族，自称刀郎人，他们世世代代以捕鱼为生。这里全是野生的大草鱼、大鲤鱼，小的三五公斤，大的三十几公斤。刀郎人的烤鱼技艺传承了千百年，他们把捕到的鱼做成绝味美食，使之成为巴楚刀郎文化的一部分。

随着时代的变迁，叶尔羌河流域刀郎人的生活方式发生了翻天覆地的变化，他们由渔猎生活转变为农牧生活，并在红海水库等人工修建的水域开始了鱼类养殖。那里水清鱼肥，烤鱼这种美味也被他们一代一代传承下来，如今成为刀郎人的日常美食。

新疆烤鱼又叫喀什烤鱼、巴楚烤鱼、叶尔羌河烤鱼，是用最原始的方式进行烧烤的鱼。因为要使用沙漠里最常见的植物红柳枝作为钎杆，所以这种烤鱼又名红柳烤鱼。红柳烤鱼为喀什地区的传统美食，其中巴楚县的烤鱼最有名气，它鲜嫩不腥，香酥可口，别具风味。

巴楚县的烧烤是新疆南部最具特色的小吃，巴楚烤鱼是巴楚烧烤里最让人难忘的美味。巴楚烧烤闻名新疆，巴楚夜市更是聚集巴楚特色美食之地。要想尝到最地道的巴楚烤鱼，除了各大餐馆，热闹红火的夜市是绝对不容错过的。走在具有维吾尔族独特风情的巴楚街巷时，那油晃晃的烤全羊、金灿灿的手抓饭、香喷喷的烤馕饼、黄澄澄的烤包子，让你禁不住垂涎欲滴。

巴楚县叶尔羌国际大巴扎旁的巴楚夜市占地3500平方米，每日人流量超过2000人次。走进夜市，商贩将摊位错落有致地摆放在道路两边，中间供人行走，每个摊位前都围满了购买美食和等待美食的食客，那叫卖声、吆喝声不绝于耳，热闹非凡。夜市上的美食种类繁多，有烤肉、烤鱼、烤鸡、煮鸽子、羊头、羊蹄、牛筋、杂碎、拉面、手抓饭、冰镇酸奶、冰激凌和瓜果等。最有特色、最吸引顾客的应该是烤鱼，一条条被平铺在烤架上的生鱼等待着食客的到来。尤其是夏季的夜晚，夜市上不冷不热刚刚好，在夜市逛一圈，吃吃巴楚烤鱼，品尝各式小吃，保准让你大呼过瘾。

叶尔羌国际大巴扎夜市上的烤鱼，要数玉素甫艾力·买买提的最好。他出生在巴楚的烤鱼世家，4岁开始跟随父亲学艺，现在是巴楚烤鱼的第六代传承人，居住在红海水库边上。他的烤鱼使用的是红海水库的野生鲤鱼和草鱼。

红海水库位于莎车县艾力西湖镇北部，面积46平方千米，蓄水量9800万立方米，灌溉莎车、巴楚、麦盖提、岳普湖4个县和农三师四十二团及牌楼农场等13300公顷农田，距离巴楚县只有8千米。喀喇昆仑山的冰雪融化，流经叶尔羌河汇聚到红海水库，这里水质洁净，没有任何污染。水库里的野生鱼种类特别多，有鲫鱼、鲤鱼、草鱼、黑鱼、马口鱼、白条鱼等，水草多，鱼的产量高，很轻易就能捕捞到几十公斤重的大鱼。

巴楚红柳烤鱼制作复杂，需要一定的技巧和技术。把从红海水库捕捞来的活鱼运到叶尔羌国际大巴扎夜市，对活鱼进行宰杀。先把活鱼清洗干净，以刀背敲击鱼头，剔掉鱼鳞，从鱼背剖开鱼身，除掉内脏，清理血污。再从腹部线切开，分成两片，留下鱼皮连着，清洗干净，稍微沥干水分。

红柳又名柽柳、多枝柽柳，为柽柳科柽柳属的灌木或小乔木，当年生长的枝为淡红色，在新疆分布广泛，塔里木盆地、准噶尔盆地、吐鲁番盆地均有。叶尔羌河流域的刀郎人把红柳枝砍下来剥皮后作为烤鱼的天然钎子。剥皮后的红柳枝会分泌出黏稠的液体，用它穿上鱼在炭火上熏烤可以分解鱼肉的腥味，还会散发芳香的气味，让鱼肉更鲜香。

用几根筷子粗的红柳枝横穿过鱼身两侧，把整条鱼撑开，再用一根稍粗壮并比鱼长20厘米左右的红柳枝沿鱼的脊骨竖穿入鱼皮，使之直立起来。把穿好的鱼放在叶尔羌河的河水里浸泡一遍，让鱼肉吸饱水分，再放在岸上稍微控干鱼表面的水分，这样的鱼烤出来口感和味道更醇香。

将穿好红柳枝的鱼依次插在河滩上或者特制的烤炉边，排成半圆形或者弧形，再将胡杨木放在半圆形或弧形内点燃，用明火烘烤鱼肉。烤鱼大概需要1个小时。胡杨木从点火焚烧到火星慢慢熄灭，可以持续1个多小时，中间不用加柴。鱼烤到七八分熟时，往鱼的身上洒食盐水、辣椒粉、孜然粉，让鱼更加入味。一面烤好，翻过来烤另外一面，等另一面烤到七八成熟时再洒食盐水、辣椒粉、孜然粉。火渐渐熄了，鱼也烤熟了。

抽出红柳枝，将烤熟的鱼盛放在盘里，可以直接食用，也可以将它切成块食用。刚烤出来的鱼颜色很好看，鲜艳红润。它外焦里嫩、鲜嫩不腥、香酥可口。这种用原生态方式烤出来的鱼，吃起来满嘴生香，让人回味无穷。

巴楚本地人在吃烤鱼的时候，喜欢喝口小酒，他们觉得那是神仙般的日子。那些外地来的食客，在吃完烤鱼后，更喜欢来杯鲜榨石榴汁，味道同样让人回味。

巴楚贵宾楼

地址	喀什地区巴楚县团结西路 17 号
电话	无

馕焖全羊

一种经典，一种永恒

　　千百年来，生活在叶尔羌河流域的刀郎人逐水草而居，他们日出乘舟举叉捕鱼，闲时骑马弯弓射猎，雨季捉兔采蘑菇。夕阳西下之后，刀郎人在叶尔羌河畔的河湾、岛屿处燃起熊熊篝火，烧烤着一天狩猎到的食物，品尝那美味的烤鱼、烤肉等，用雄浑粗犷的歌喉唱起婉转悠扬的刀郎木卡姆，豪情奔放地跳起麦西热甫。在经年累月的生产与生活中，他们创造出了自己的饮食文化，即刀郎人的饮食文化。

　　巴楚县的食物由烤、炸、烹、煮、炖等方法烹制而成，最精华的部分还是继承的刀郎饮食文化，即烧烤。

　　巴楚境内有个著名的羊种叫巴尔楚克羊。它原产于巴尔楚克城，是北方绵羊经过长期的自然选择与进化形成的外貌体形特征明显、遗传性能稳定的新疆地方绵羊种群，有200多年的养殖历史。它全身长满白色的毛，公羊和母羊均无角，羊体健硕结实，黑色嘴轮，耳际略有黑斑，肉质细嫩鲜美，毫无膻味，味道极佳，乃羊肉之上品。

巴尔楚克羊产于新疆西南天山南麓、塔里木盆地和塔克拉玛干沙漠西北边缘。中心产区在巴楚县的阿纳库勒乡、多来提巴格乡、恰瓦克乡、夏马勒乡、夏马勒牧场等，同时辐射到周边的乡镇、团场。它们以低地草甸盐碱地上的苇草、苜蓿、骆驼刺、野蘑菇、甘草、马兰等植物为食，有耐粗饲、抗病力强、可一年四季放牧、耐盐碱、耐热、耐干旱等特点。

馕是新疆维吾尔族、哈萨克族、柯尔克孜族等的传统主食，除午餐较少食馕外，早晚两餐都是必备馕的。馕已有2000多年的历史。巴楚民间有"一日不吃馕，两腿直打晃"的俗话。巴楚的馕品种很多，据统计有50多种，按原料分白面馕、苞谷馕、青稞馕、高粱馕、核桃馕、肉馕、油馕、奶子馕等，按外形分窝窝馕、薄皮馕、塔巴馕、油塔子馕、库车大馕等。

巴楚的馕以雪水浇灌的小麦磨制的面粉为主料，配以食盐、酵母粉、水、植物油、洋葱、芝麻等佐料。烤馕时用胡杨木炭把馕坑壁烧得滚烫，将擀好的馕坯贴在馕坑壁上。馕坯上还可以抹点食用油，撒些芝麻、葱花，这样烤出来的馕更脆更香，吃起来更有味，更带劲。

在新疆，大家都知道馕包肉，也吃过馕包肉。馕包肉在维吾尔语中叫塔瓦喀

瓦甫,菜色泽红亮,肉质香嫩微辣,是新疆风味名食之一,也是面肉合一的食品。

馕焖全羊从馕包肉演变而来,两者却是两道风格完全不同的菜。

馕包肉是新疆名菜,有着传统的风味。它主要由维吾尔族人制作:把羊排肉切割成小块,不剔除骨头和肋骨,加黄胡萝卜、洋葱放锅里炖熟,出锅后倒在一个大馕上,直接用馕垫底。

馕焖全羊并不是在馕上放一只全羊,而是放羊身上各个部位的肉和羊杂。馕焖全羊用的不是成年的羊,而是当年的小羊羔。宰羊后,剔除羊身上所有的骨头。除羊尾巴和羊皮之外,将羊头、羊腿、羊心、羊肝、羊肺、羊肠、羊脾、羊蹄等羊身上所有部件切下来计量分成若干份。在客人点菜之后,把羊头肉、羊腿肉、羊心、羊肝、羊肺、羊肠、羊脾、羊蹄肉等一锅焖熟,只放花椒、胡椒、茴香、孜然等很少的调料,保持羊肉的原汁原味。把这锅煮熟的羊肉与羊杂碎混合倒在一个馕上,让食客享用。

没有吃过馕和馕包肉及羊杂汤的人,是根本无法想象馕焖全羊的美味的。这种食物吸收了三者的味道:馕被泡软,容易嚼烂和吞咽;保留了馕包肉黏稠的汤汁,馕不至于被泡化,羊肉和羊杂碎的精华全部在汤汁里;保留了羊杂碎的鲜美,同时和羊肉与各羊杂碎的味道完美融合。吃馕焖全羊,那是一种享受,一种经典,一种永恒。

巴楚开元宾馆

地址　喀什地区巴楚县迎宾南
　　　路(工商银行东侧)

电话　0998-6183366

最本真的味道

手抓羊肉

　　手抓羊肉又叫抓肉、手抓肉等，以手抓食用而得名，它源远流长，是我国西北蒙古族、藏族、回族、维吾尔族等喜爱的传统美食，相传有近千年的历史。它原本只在西北少数民族聚居的高原和草原地区被牧民们食用，在城市里是极少见的。其吃法有三种，即热吃、冷吃、煎吃，肉味鲜美，不腻不膻，色香俱全。

　　羊肉是新疆美食的基础食材。新疆的羊肉菜在全国具有代表性，一提起羊肉人们第一个想到的便是新疆，用新疆人的话来说就是："新疆羊吃的是中草药，喝的是矿泉水，走的是金光道。"

　　天山南北水草丰美，高山上的冰雪融化，汇成条条河流，形成片片绿洲。这里羊的品种和羊肉的品质不用说，大家有目共睹。新疆地道的手抓羊肉要在维吾尔族人的家里才能吃得到。外地人去的都是蒙古包，蒙古包里是低炕，有多半间屋子大，炕上铺着毯子。毯子上有高约一尺(约33厘米)的大方桌子。食客围着桌子盘腿而坐，先要一壶滚烫的奶茶，改变一下嘴里的味道。把奶茶倒进小碗，立刻奶香四溢。喝在嘴里，其味微咸，带着茶叶的清香和苦味。随后才是主菜手抓羊肉，上来的洋葱只切成片，不加任何调料，不经过任何烹饪。洋葱是羊肉的最佳搭档。

巴楚手抓羊肉以巴尔楚克羊肉为原料。巴尔楚克羊是巴楚县本地的羊，它的肉在我国是出了名的好吃。那羊肉嫩中略带弹性，有着天然的鲜味，最适合做原味的手抓羊肉和烤羊肉。对于巴尔楚克羊，巴楚人这样说："我们从来不说这是中国最好的羊肉，我们只管让别人来吃，吃完了自然有说法嘛！"

做手抓羊肉需要从选羊、宰羊开始。把刚宰的巴尔楚克羊肢解，再剁成大块羊肉放入锅里，边煮边将浮沫捞出，减少膻味。有些讲究的餐馆和厨师全采用长条羊肋排，那肉够多，一根肋条一串肉。把洋葱剥去外皮，切片备用。羊肉煮40分钟加黄胡萝卜、恰马古，改小火慢炖，炖到七八分熟时将肉块和黄胡萝卜、恰马古捞出摆放在盘中，洒少许盐水。这就是原味的手抓羊肉。

手抓羊肉比红烧羊肉更普遍，家家户户都会做。有人说手抓羊肉的做法最简单，只要煮，放黄胡萝卜，撒盐，出锅，撒洋葱就完成了。

到巴楚旅游，手抓羊肉是必点的美食。店家把热腾腾的手抓羊肉端上餐桌，会在旁边放把小刀，让讲斯文的客人用刀把羊肉割成小块或切成薄片食用。我第一次吃巴楚的手抓羊肉，最直接的感觉是香，非常醇的肉香，没有膻味。再细细品味，那洁白的肥羊肉糯软，清纯软烂，香而不腻；瘦肉不柴，肉质细嫩，丰盈饱满，香鲜无比。既可吃肉，又可喝汤。

在巴楚吃手抓羊肉，一定要用手直接抓着吃，俗话说："上手的才够香。"如果你在巴楚吃手抓羊肉还讲斯文，拿着筷子夹来夹去，邻桌的食客就会笑话你。在巴楚，手抓羊肉除了直接吃，还有三种吃法：热吃，即将手抓羊肉切片上笼蒸热蘸三合油吃；冷吃，即将手抓羊肉切片后直接蘸精盐吃；煎吃，即用平底锅将手抓羊肉煎热吃。

在巴楚吃手抓羊肉，如果有10多个人，可以选一只当年的羊羔。宰后切成大块，放大锅里用山泉水煮熟，不放任何调料，只放点大粒盐。羊肉煮熟了，盛在大盘子里，切点洋葱，或蘸点盐，大块吃肉，非常有味。

阿不都·热合曼烤肉店

地址	阿克苏地区库车县文化路中段库车夜市
电话	无

一串管饱

米特尔喀瓦甫

　　库车乃突厥语译音，在维吾尔语中是"胡同"的意思。库车是古丝绸之路上一颗璀璨的明珠，到达新疆南部腹地，辖8个镇、6个乡、4个街道。

　　库车为新疆南部5地州的交通枢纽和连接新疆南北的大动脉，具有南联北拓、东进西挺的地域优势。库车乌恰的民族风味小吃名气很大，有大馕、小馕、薄馕、油馕、肉馕、芝麻馕、烤羊肉串、烤包子、薄皮包子、抓饭、馕包肉等。东大沟市场的小吃以汉族风味为主，有烤肉串、烤鱼、烤乌鱼片、烤鸡肠、烤鸡肝、烤毛蛋、烤豆腐皮、烤豆腐干等，以麻辣风味为主。

　　库车最出名的小吃是烧烤，烧烤中最诱人的当数皇宫烤全羊。它使用传统的10多种药材，在高温馕坑里烘烤而成。馕坑里温度均衡，烤出的羊肉香味不易流失，色、香、味俱全，就像库车熟透了的小甜瓜和小白杏，在几里外都能闻到香味。

　　在库车，与皇宫烤全羊一样出名的烧烤是米特尔喀瓦甫，它在维吾尔语中指的是1米长的羊肉串。在库车的龟兹文化中，客人很尊贵，喀瓦甫是维吾尔族为招待远方来的贵客而制作的极品美味。米特尔喀瓦甫在常人眼里应该属于巨型羊肉串，为大家所喜欢。跑遍全新疆的人说，米特尔喀瓦甫数库车的最正宗，味道最好。

　　见到摆在面前的米特尔喀瓦甫，我吓了一跳。米特尔喀瓦甫比普通羊肉串要长1~2倍，肉块也大得多，我这个南方人吃一串就过瘾了。其实，在龟兹饮食文化里，人们要用一串最好的羊肉串来招待远方来的贵客。也就是说，远方来的客人吃一串羊肉串就吃饱了、吃好了。

　　制作米特尔喀瓦甫要选择当年出生的羊羔，它是用羊羔肉加鸡蛋、芡粉、洋葱、孜然、辣椒粉、精盐等做成的。库车人特别喜欢和讲究吃羊羔肉，他们认为羊羔肉是人间的一种极品美味。

　　库车人在制作米特尔喀瓦甫时，会选择1岁以内羊羔的肉，以保证肉质鲜嫩。把羊羔肉去除主骨切成大麻将块，要肥瘦肉块搭配，不能只有瘦肉块。将鸡蛋打破，去掉蛋黄只留蛋清，放在盆里不断用筷子搅拌到起泡沫，放入芡粉和洋葱末并拌匀成糊状。把切好的羊肉块放入糊中，每块都涂上糊，再穿在长铁钎上。

　　烤米特尔喀瓦甫是关键。把穿好肉块的长铁钎放在烤炉上，烤这种巨型羊肉串的炉子比普通烤羊肉串的炉子更宽更长。燃料可以用无烟煤或索索柴，等它们烧红之后没有青烟了再烤羊肉串。除了用炉子烤米特尔喀瓦甫，还可以把米特尔喀瓦甫放在吐努尔（馕坑）里烤。这种馕坑比烤馕的馕坑要大要高，把穿好肉块的长铁钎立在馕坑里烘烤，一次可以烤十几串。有的烤炉还可以移动，内部甚至可以旋转。米特尔喀瓦甫大概要烤10分钟才能熟，烤熟后，撒上孜然粉、辣椒粉、精盐，再刷一层油，就能食用了。

　　烤好的米特尔喀瓦甫看起来油光焦黄，吃起来鲜嫩无比，羊羔肉的香味一直在舌尖缠绕。吃上几块，会感觉到有些辣，但是不会觉得油腻，也不膻，吃了还想吃。1串1米长的羊肉串，很快就能吃完。

华龙酒店

地址　阿克苏地区阿克苏市迎
　　　宾路 14 号

电话　0997-7121768

椒麻鸡

鸡肉的神奇魔力

　　新疆椒麻手撕鸡又叫椒麻鸡，是除大盘鸡以外，风靡新疆的另一道回族鸡
块类传统美食。新疆椒麻手撕鸡属于凉拌鸡肉类菜肴，很多人干脆直呼它为凉拌
鸡肉。

　　新疆椒麻手撕鸡非常出名，无论到哪都有，无论哪里的客人都喜欢吃，它是
新疆菜点单率最高的菜肴之一。我吃过椒麻手撕鸡后，觉得它与四川的麻辣鸡有
几分相似，也因此认识到有些食客其实对麻和辣有些嗜好。在新疆不以辣为特
色的美食系统里，有点辣味的菜肴就那么几个，食客也就从中挑选一个。

　　阿克苏人做的椒麻手撕鸡以三黄鸡为原料，配料有辣椒、芝麻、高汤、香
菜、香葱、姜等，调料有盐、花椒粉、黄酒、香油、鸡精等。将三黄鸡宰杀洗干净后
用开水烫一下，去掉鸡表面的绒毛和脏死皮，用牙签或者叉子在鸡的身体上戳一
些均匀的小洞。把生姜擦末，和花椒粉、蒜蓉、盐混合均匀做成调料汁，抹在鸡
身上，并按摩揉搓，让调料汁迅速进入鸡肉里。用保鲜膜包上鸡腌渍，根据鸡的
大小腌0.5~2小时，直到入味。

在锅里加上清水，以能淹没鸡肉为好。水里放一块拍碎的生姜，倒一碗黄酒。把鸡肉浸泡在水里，用大火烧开，再转最小的火焖10分钟，鸡肉八九成熟即可。把鸡捞出来放进冰水里，让它冰透，直接用手将鸡肉撕扯成小块。新鲜的鸡肉肉质紧致，撕扯的时候较费手力，撕出的鸡肉纹理清晰。

准备好高汤、花椒、芝麻，辣椒切圈，香菜、香葱切末，姜切片。锅里放入芝麻油和食用油或全部用芝麻油，把姜片炒出香味后关火。油稍微凉后倒入芝麻、花椒、辣椒，用最小的火熬一会儿，让调料出味。熬过的油没有苦涩的味道，有花椒、辣椒的香味。倒入高汤，大火烧开，改小火熬煮。在椒麻汁中放盐、鸡精调味，把撕好的鸡肉倒进去煮开，改用最小火煮半小时。出锅时撒香葱、香菜末即可。椒麻手撕鸡可以当凉菜，也可以当热菜。做热菜是在做凉菜的基础上用小火加热。

如今阿克苏的大街小巷到处是做椒麻手撕鸡的餐馆。不同的人做出来的椒麻手撕鸡有不同的味道。在阿克苏的大小夜市里，椒麻手撕鸡是一道常见的美食。夜市上的椒麻手撕鸡多是凉的，老板做好一大盆，顾客点多少老板给夹多少。旁边还有一桶汁水，称完鸡肉，再往鸡肉里加几勺汁水。如果能吃辣，老板还会加些辣椒粉或者辣椒油。

关于椒麻手撕鸡，有这样一个新闻。新疆胖老汉椒麻鸡推出新疆第一大盘椒麻鸡，盛放在直径2.13米、高16厘米、重80公斤的大铜盘里，共盛放了365只椒麻鸡，并且没有经过手撕，可以供五六千人品尝。当时的媒体称"这才叫椒麻鸡，你吃的那个只能叫凉拌鸡肉"。当时这盘椒麻鸡震惊全国，并入选吉尼斯纪录。

我特别喜欢做凉菜的椒麻手撕鸡，那鸡皮爽脆，可以用麻、辣、香、鲜、脆5个字来概括；鸡肉鲜嫩，吃起来又筋道又有嚼头，并且越嚼越香；那浸泡鸡肉的汁水让鸡肉的味道完全呈现。椒麻鸡吃到嘴里麻得就像刮大风，得不停地大吸气；辣得头顶上直冒汗，汗水从脸上淌下来；又让人越吃越想吃，欲罢不能，真是绝了。

塔里木酒店

地址　阿克苏地区库车县天山
　　　东路 367 号
电话　0997-7222222

汤面

羊肉酸辣，汤鲜面滑

　　库车地处丝绸之路上的中西交通要冲，扼守丝绸之路北道至中段的咽喉，连接东西方的贸易，传递东西方的文明，在世界经济、文化历史上占据着重要的位置。有人评价，库车是古丝绸之路上一颗璀璨的明珠。现在，库车是新疆重要的石油化工基地、旅游基地和南疆北部的中心城市，它连接着天山南北，朴素而安宁。库车的维吾尔族日常的饮食是面食，品种很多，其中最具库车特色的面食是银丝擀面，在维吾尔语中称为玉古热。

　　库车汤面也极其有名。库车汤面是库车的一道地方名小吃，它的风味独特，工艺讲究，吃了使人难以忘怀。

　　库车汤面与其他地方的汤面有很多不同之处。库车汤面采用新疆特有的黄面作为原面，要经过水煮、加汤、添码等步骤才能完成。新疆的黄面本来是制作新疆凉面的基础，因为颜色微黄而得名，在维吾尔语中叫赛热克阿希。黄面在和面与揉面的过程中加入了戈壁上的蓬草烧成的蓬灰，这样做出来的面颜色微黄，细如游丝，柔韧耐嚼。

　　库车人制作汤面，方法独特，又特别讲究。汤面的原材料有面粉、羊肉、鸡蛋、菠菜、羊尾油、羊肉汤、花椒粉、葱、蒜泥、清油、醋、辣椒油等。

　　首先是煮羊肉和做羊肉汤。将大块新鲜羊肉或整腿羊肉用清水煮熟，煮到接近脱骨时把羊肉捞出，凉凉沥干水分，再按羊肉的纹理切成大块薄片。利用煮羊肉的原汤，加入羊尾油丁、调料烧开，制成羊肉汤。羊肉汤不能冷，要随时有火，保持其微开的状态。

　　其次，和面的时候要加入蓬灰，反复揉制，拉成细如丝的面条。将面条在大锅里煮到八成熟，盛在大海碗里，放上葱、菠菜。选择细嫩的黄瓜，将其切成细丝，放清水里煮沸去除生味，黄瓜丝变软后加少量食盐调味，再放入面碗中。以羊肉汤反复浇淋黄面，把黄面烫热。在面上放薄羊肉片、蛋皮丝做码子，再加醋、辣椒油、胡椒粉等调味，形成酸辣味浓烈的汤面。讲究的食客还可以在面里放一个荷包蛋，滚烫的羊肉汤激发出荷包蛋的香味，使其味更佳。

　　库车汤面酸辣可口，汤鲜面滑，味道十分诱人，让人看了极有食欲。早晨吃碗香喷喷的库车汤面，可以舒服一整天。

本图书由北京出版集团有限责任公司依据与京版梅尔杜蒙（北京）文化传媒有限公司协议授权出版。

This book is published by Beijing Publishing Group Co. Ltd. (BPG) under the arrangement with BPG MAIRDUMONT Media Ltd. (BPG MD).

京版梅尔杜蒙（北京）文化传媒有限公司是由中方出版单位北京出版集团有限责任公司与德方出版单位梅尔杜蒙国际控股有限公司共同设立的中外合资公司。公司致力于成为最好的旅游内容提供者，在中国市场开展了图书出版、数字信息服务和线下服务三大业务。

BPG MD is a joint venture established by Chinese publisher BPG and German publisher MAIRDUMONT GmbH & Co. KG. The company aims to be the best travel content provider in China and creates book publications, digital information and offline services for the Chinese market.

北京出版集团有限责任公司是北京市属最大的综合性出版机构，前身为 1948 年成立的北平大众书店。经过数十年的发展，北京出版集团现已发展成为拥有多家专业出版社、杂志社和十余家子公司的大型国有文化企业。

Beijing Publishing Group Co. Ltd. is the largest municipal publishing house in Beijing, established in 1948, formerly known as Beijing Public Bookstore. After decades of development, BPG now owns a number of book and magazine publishing houses and holds more than 10 subsidiaries of state-owned cultural enterprises.

德国梅尔杜蒙国际控股有限公司成立于 1948 年，致力于旅游信息服务业。这一家族式出版企业始终坚持关注新世界及文化的发现和探索。作为欧洲旅游信息服务的市场领导者，梅尔杜蒙公司提供丰富的旅游指南、地图、旅游门户网站、App 应用程序以及其他相关旅游服务；拥有 Marco Polo、DUMONT、 Baedeker 等诸多市场领先的旅游信息品牌。

MAIRDUMONT GmbH & Co. KG was founded in 1948 in Germany with the passion for travelling. Discovering the world and exploring new countries and cultures has since been the focus of the still family owned publishing group. As the market leader in Europe for travel information it offers a large portfolio of travel guides, maps, travel and mobility portals, Apps as well as other touristic services. Its market leading travel information brands include Marco Polo, DUMONT, and Baedeker.

DUMONT **是德国科隆梅尔杜蒙国际控股有限公司所有的注册商标。**

DUMONT is the registered trademark of Mediengruppe DuMont Schauberg, Cologne, Germany.

杜蒙·阅途 **是京版梅尔杜蒙（北京）文化传媒有限公司所有的注册商标。**

杜蒙·阅途 is the registered trademark of BPG MAIRDUMONT Media Ltd. (Beijing).